HOTEL LIGHTING DESIGN

酒店照明
设计

余显开 著

江苏凤凰科学技术出版社 · 南京

图书在版编目（CIP）数据

酒店照明设计 / 余显开著 . -- 南京 : 江苏凤凰科
学技术出版社 , 2022.4
ISBN 978-7-5713-2818-4

Ⅰ . ①酒… Ⅱ . ①余… Ⅲ . ①饭店－照明设计 Ⅳ .
① TU247.4 ② TU113.6

中国版本图书馆 CIP 数据核字 (2022) 第 033506 号

酒店照明设计

著　　　者	余显开	
项 目 策 划	凤凰空间 ／ 翟永梅	
责 任 编 辑	赵　研　刘屹立	
特 约 编 辑	翟永梅	

出 版 发 行	江苏凤凰科学技术出版社
出版社地址	南京市湖南路 1 号 A 楼，邮编：210009
出版社网址	http://www.pspress.cn
总 经 销	天津凤凰空间文化传媒有限公司
总经销网址	http://www.ifengspace.cn
印　　　刷	北京博海升彩色印刷有限公司

开　　　本	710 mm×1 000 mm　1 ／ 16
印　　　张	15.5
插　　　页	4
字　　　数	198 000
版　　　次	2022 年 4 月第 1 版
印　　　次	2022 年 4 月第 1 次印刷

标 准 书 号	ISBN　978-7-5713-2818-4
定　　　价	188.00 元（精）

图书如有印装质量问题，可随时向销售部调换（电话：022-87893668）。

著者简介

与许多从事灯光设计的同行不同，我进入这一行是从灯具制造业开始的。在知名灯具制造企业工作时，感受着生产线上的产品通过设计成就了五星级酒店中迷人的光环境这样奇妙的变化，使我对灯光设计产生了浓厚的兴趣，并选择成为一名灯光设计师。由于我对灯具制造的各个环节具有深入的了解，以及对选用灯具的精准把控，所以可以在设计环节就对最终呈现的效果了然于胸。也正因为如此，我得以进入亚洲著名的灯光顾问公司艺光国际（亚洲）有限公司工作。

在艺光国际（亚洲）有限公司工作期间，我接触到行业内最前沿的理念和技术，参与了很多全球顶级的酒店灯光设计项目，并与亚太地区最优秀的其他专业设计团队合作。灯光设计这一科技与艺术相融的专业，让我充满热情，全情投入，深深体会到将灯光设计作为自己一生事业的乐趣所在。

随着时机的成熟，我与合作伙伴成立了自己的灯光设计公司——函润（国际）照明设计顾问有限公司。考虑到我国西部的市场潜力，公司将总部设于直辖市重庆，并在上海和香港设有办公室。我也常年奔波在各个工地现场，从繁华的城市中心到风景秀丽的山野，从五星级酒店到温泉度假村，从飞雪北国到南海之滨，都有我完成的作品。我希望通过自己的创意、智慧和努力，给夜晚增加越来越多有趣而温暖的场景，让光的表达与陪伴，在这个高速运转的时代，予以人光亮与慰藉。

> " 尊重空间的特质
> 用有剧情的光感动一切 "

余显开

社会职务

中国建筑装饰协会电气分会会长
华人照明设计师联合会执行副会长
四川美术学院客座讲师
广东职业技术学院艺术设计系特聘专家
辽宁科技大学建筑与艺术设计学院客座教授
衡阳师范学院美术学院客座教授

专业特长

酒店室内外照明设计
园林景观照明设计
城市照明规划设计

序

　　酒店设计是现代空间设计的重要内容，而作为一种新的生活方式与审美情趣的标杆与引领者，酒店空间无疑是一个重要的标志。在酒店空间的设计中，照明则是非常重要的一环。众所周知，光线作为一种灵活而富有趣味的设计元素，不仅能满足正常的照明需求，更可以成为空间氛围的催化剂与调味剂。而光影所带来的虚实变化，柔化了硬质造型与材质所带来的视觉感受。在如今这个以视觉审美为主流的社会，空间、造型、材质与色彩都需要通过光影去表达，突出什么、强调什么、虚化什么，都离不开照明设计。从这一点上讲，照明设计就是酒店设计的点睛之笔。

　　同时，酒店空间设计从注重形象到注重风格，再发展到注重意境，直到当下的注重体验，在我看来，这是一种审美的进步，是设计审美从"实"到"虚"，从"硬"到"软"，从形象到人文的一种转化，空间审美的边界与范围都在发生着变化，审美的对象与方式也变得更加精细和宽泛了。照明设计正是在这种趋势下应运而生，为当下审美趣味的实现提供了更多可能。

　　作为酒店室内设计，其照明无疑是最为复杂的设计元素之一。著者从事酒店照明设计数十年，积累了丰富的设计经验，是一个既具有系统的理论知识，又有丰富的实际操作能力的照明设计师。对于酒店照明设计，著者也有着独到的见解与认识。本书是著者多年设计经验的一次总结，更是对未来酒店照明设计的一次展望。我相信随着对照明设计的深入，会有越来越多的设计师通过照明设计创造出更多、更丰富的酒店空间设计作品。

谢天

2022 年 3 月

前言

　　酒店之源始于古代，随着商品交易的出现，商人的旅行，构筑了酒店的雏形——客栈的产生。我国从古至今，素以热情好客著称于世，是世界上最早出现"酒店"的国家之一。从殷商时代的驿站、周王朝时的候馆、隋唐时期的四方馆、明清时代的会同馆，到 20 世纪南方的大酒店、北方的大饭店以及如今各种类型的连锁酒店等，酒店作为重要的外出住宿场所，一直在不断地发展与壮大。

　　人不能带着家四处走，因此每到一处便择居而宿是必然的，而随着全球交通的发展与商务、旅游活动的频繁，人们出行层面最重要的酒店的住宿品质也得到了很大提升。过去人们对事物的感知更多地体现在实用性上，基本谈不上对品质与美的要求，而随着物质生活的逐渐丰富，人们开始更多地关注细节。可以说，现代高品质的酒店，从建筑到室内的设计都是经过精雕细琢的，正如本书所要谈到的酒店灯光一样。在没有接触专业知识之前，是不是还有很多人对照明的理解还停留在灯光只起到把空间照亮的作用上？其实灯光在室内设计中起着不可忽视的作用，微调一下灯光都有可能改变整个空间的视觉氛围，即便是简单的灯光组合也可能得到意想不到的效果。灯光照明和室内装修能起到同样重要的作用，然而很多人却忽视了灯光在室内设计中的重要性。

　　照明设计的思维应该从两个方面入手，即"灵感"与"常识"，与之对应的分为"感性"与"理性"。"感性"一般是思维创作的灵感及对效果的要求，"理性"则是从一切和光有关的技术角度（光波、光频、折射、反射等）进行严谨的分析，以此达到符合感性的要求。

　　灯光设计是一门学问，是对空间环境的全面负责，解决与照明相关的技术、美学、节能、维护环境以及以人为本等一系列问题，是每一位照明设计师的责任。

　　本书将从著者多年来作为酒店照明设计顾问的角度，重点带领大家了解酒店灯光设计的心法。酒店的灯光设计作为照明设计领域中的冲锋者，对品质的要求称得上是最高级别的，同时酒店的灯光设计亦是提升酒店品牌的重要组成部分。

著者

2022 年 3 月

目录

1 光之器

从古至今，光都是一直存在的，
然而人类对于光的研究与运用，却足足跨越了几千年。

1.1.1 过去的光

火的发现 ——○——

　　火，原是大自然中的一种自然现象，如火山爆发引起的大火，雷电使树木、含油物质等燃烧而产生的天然火，这些野火远在人类诞生以前就存在于地球上了（图 1.1）。原始人在使用天然火的漫长过程中，不断加深对火的认识，到了旧石器时代晚期，随着钻孔和磨制技术的发展，发明了摩擦的人工取火方法。把松脂涂在树皮或者木片上，捆扎做成照明用的火把，成为人类创造的第一盏意义上的"灯"。

油灯的由来 ——○——

　　油灯起源于火的应用和人类照明的需要。据考古资料记载，在距今约20万～70万年前，旧石器时代的北京猿人已经开始将火用于生活中。随着时间的推移，原始人通过不断地思考和探索，终于找到了一个办法。他们找来一些贝壳或者有凹洞的石头作为容器，然后将动物的油脂当燃料倒进去，并且找了一些能够吸油的材料（如芦苇）作灯芯，灯芯吸了油，点燃后就能持续产生火，这样就创造出了一种能够较长时间持续产生火的器皿，这便是油灯的雏形。随着人类文明的进步，工业水平的发展，油灯的造型也在不断改变。

　　早期的油灯，上盘下座，中间以柱相连，虽然形式比较简单，却奠定了我国油灯的造型基础（图 1.2）。此后，经青铜文化的洗礼，加之铸造技术的提升，油灯和其他器物一样，在造型上取得了重大突破，创造了中国油灯艺术的辉煌。从春秋到两汉，油灯技术的高度发展已经使其脱离了实用器具的要求，和其他器物一样，成为特定时代的礼器。

蜡烛的产生 ——○——

　　最早的蜡烛起源于汉代，在当时称作黄蜡，黄蜡是由工蜂分泌出的蜡，在当时算是奢侈品。到了唐代人们发现了白蜡即白蜡树上雄性白蜡虫产出的分泌物，直至宋代白蜡得以大量生产，蜡烛的使用也相对普遍。后期人们相继发现了更多制造蜡烛的原料，如动物蜡、鲸蜡、植物蜡等。直到 19 世纪初，法国化学家舍夫勒尔经过试验，发现了更适合做蜡烛的材料硬脂酸。再到后来，油田的开采，从石油中提炼出了石蜡，相比之前的材料，石蜡更占优势，也使得蜡烛得以在全球范围推广使用。直至今日，蜡烛仍在不少场景下使用（图 1.3）。

图 1.1

图 1.2

图 1.3

图 1.1　火山之火
图 1.2　油灯
图 1.3　蜡烛

1.1.2 现在的光

随着社会的不断发展与进步，光源的发展也在不断取得历史性的突破。

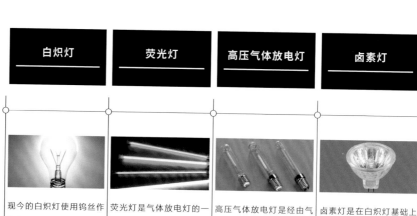

白炽灯	荧光灯	高压气体放电灯	卤素灯
现今的白炽灯使用钨丝作为灯丝，钨丝被加热到2300℃以上，钨丝即可以发光，实现将电能转化成为热能并发出光亮。为了防止钨丝氧化，在密封灯泡内注入惰性气体。因为是用加热钨丝的方式发光，所以仅有10%~20%的电能转化为光能，能耗较大。	荧光灯是气体放电灯的一种，玻璃管中充满了氩气和少量水银，内壁涂有荧光物质用来发光和定色彩，两端是钨丝制作的两螺旋或三螺旋钨丝圈电极。光色较为柔和，需要搭配镇流器使用。	高压气体放电灯是经由气体、金属蒸气或几种气体和蒸气混合放电而发光的灯，启动较慢，显色性较差。包含水银灯、金属卤化物灯、高压钠灯、低压钠灯、高压水银灯等，适用于体育馆、电影院、仓库、户外活动区、道路等区域，也常用作车头灯照明等。	卤素灯是在白炽灯基础上改进的，内含微量卤素气体，通过气体循环，可以减轻衰减和黑化现象。灯杯内部镀有反射膜，光线会聚集到前端，并向前方射出光线。此外，易产生高温的红外线也通过反射膜跑了出去，减少了对人身体的热辐射。

发光二极管	节能灯	有机发光二极管	自然光照明系统

LED 由半导体材料制成，有两个电极端子，在端子之间施加电压，正负极结合发光。LED 是一种半导体原件，光源本身发热少，属于冷光源，因为体积小、辉度高，早期常常用来作为指示照明。LED 是固态发光，不含水银和有毒物，不怕震动，不易碎，是目前最为环保的光源。

节能灯是荧光灯家族的延续，在荧光灯之后，发展出了将灯管、镇流器、启动器结合起来的改良型荧光灯——节能灯。它只需耗费普通荧光灯 1/4~1/3 的能耗即可达到同等效果。

OLED（Organic Light-Emitting Diode）是指有机半导体材料和发光材料在电流驱动中达到发光显示效果的现象，原理与LED 类似，但材料是有机材料，具有超轻、超薄、可弯曲、亮度高、可视角度大、不需要背光源及发热量低等优点。

光导照明系统取代了白天用电照明的做法，通过采集日光并利用折射等技术，将室外自然光引入室内进行照明，也解决了建筑不能做吊顶时，阳光给建筑内部带来的眩光影响及冷热变化给空调带来的负荷增加等问题。

　　人类对于光的探索，成就了如今的万家灯火，也绘制出现代社会灿烂辉煌的画卷。传统的灯光以功能性照明为主，而现代的灯光却早已超出了照明的范畴。

1.2.1　光与自然

当火热的太阳从地平线上冉冉升起，当山峦和浮云被夕阳染红，当月光悄悄洒落池塘，人们会感觉到自然的壮观。雨后的彩虹、暴风雨中的闪电、爆发的山火以及地球两端梦幻般的极光，这一切都无疑给人们带来疑惑和神秘的感觉。而浩瀚宇宙中闪耀的星光，与夏日里河边漫天飞舞的萤火虫，则让人产生浪漫悠然的情愫。这些奇幻的自然景象都表明自然光一直都以种种形态出现在人类的生活中，唤起人们对"强烈的光"的意识，撼动人心。

图 1.4

回顾前文所讲的光的演变历史，人类照明史从自然光源一步步演化为如今越来越高科技的人造光源，确实彰显了人类文明的巨大进步。但归根结底，人类赖以生存的资源大多源于大自然的馈赠，因此将人类创造与自然资源相结合才是最长久的生存方式。这也是为什么在现代的建筑设计中，人们越来越偏爱贴近自然的设计风格（图 1.4）。

图 1.5

众所周知，自然光无疑是光环境中最有塑造力的表现形式，因为它的光线极具穿透力，可以自然地塑造空间中的任何物体。但天然的资源总是有限的，太阳总会落山，夜幕也终将降临，也正是在自然光线不足的情况下，人类才发明出人造光源。因此，我们在实际运用的过程中，建筑的照明设计往往是将自然光与人造光相结合，营造别具一格的艺术照明氛围。

就像图 1.5 这个艺术游泳池，外侧和屋顶都做了玻璃幕墙，白天穿透进来的自然光比较强烈，正好照亮这一池碧波，如同镜面一般的池水也倒映出建筑的影子，而室内屋檐下的洗墙灯则作为强光照射下的点缀，将光与自然完美地融合在一起。

1.2.2　光与生命

清晨，人们在森林中晨跑时，沐浴着穿透树木枝叶照射进来的阳光，不知有多么清爽，路边的影子，似乎永远与你为伴（图 1.6）。夜晚，光游刃于高楼大厦之间，街道上繁华的光影炫耀夺目，城市的路灯照亮了归家的路。

图 1.4　漳州半月山温泉度假酒店的天井
图 1.5　西塘良壤酒店的艺术游泳池（图片来源：艾罗照明）

_014
_015

一

1 光之器

一

2 光之所

一

3 光之实

一

4 光之思

一

光赋予了建筑、空间、静态的物体不一样的生命力，激发出人类生存环境的活力。灯光也是强有力表达情感的工具，它刺激着人类的情绪。均衡的亮度是至关重要的，对照明的适度控制，将为空间带来特殊的氛围。夜晚的灯光正如原始人围绕着的篝火，驱散了黑暗，让夜晚不再令人恐惧。灯光带来了一个具有情调的世界，人的感性被唤起，于是，夜晚总带有一点诗意（图1.7）。

图 1.6

图 1.7

而光与生命又存在另一方面的悖论。自爱迪生发明电灯以来，人类就走向了另一个极端，夜生活大大延长，彻底改变了人类日出而作、日落而息的生活习惯。随之而来的就是光污染，以及近视、失眠症等的高发。任何刺眼的光都是眩光，长时间的亮光刺激，会导致眼部疲劳、视网膜水肿、视觉模糊，严重的会破坏视网膜上的感光细胞，甚至影响视力。另有研究认为，非自然光抑制了人体的免疫系统，影响激素的产生，内分泌平衡遭破坏而可能导致癌变。因此，在灯具的布置与选择上，照明设计师都肩负重任，要把好每一关。高质量的照明技术必须配备特殊的技术措施，以消除灯具的直接眩光和反射眩光，尽可能地扩散光源，并最大限度地减少光能损失，这就是我们常说的让柔和的光进入我们的生活。

1.2.3　光与空间

灯光传达了情感，同时也赋予建筑空间以新的生命。灯光的魅力，便在于当它照亮空间之时，空间便被赋予了灵性，具有了呼吸感。我们置身于光所创造的空间和世界，没有光便没有空间。对空间来说，光是它的"第四维"。尤其对建筑和室内空间来说，光既引导人进入，也使内部与外部联通，更可以烘托空间的氛围。因此，照明设计需要满足不同的空间要求，针对性地做出符合空间特质的照明效果。

图 1.8

在酒店的照明设计里，针对酒店不同的空间，也应进行不同的照明设计。我们常常会利用灯光来创造空间的亮点，如果一个空间本身是比较素雅的，那么普通的照明设计方法就无法突破空间的特点，因此需要不断去挖掘创新性的设计想法，使照明为整个空间增光添彩（图 1.8）。图 1.9 中的空间利用线性照明的方式，在墙壁及天花上勾勒出一个个大小不一的四边形，犹如一道道时光穿梭之门，连接着无数个空间，极具线条感的设计也让整个空间变得更加通透、灵动，充满了科技感与未来感，赋予空间不一样的特色。

图 1.9

图 1.6　清晨的阳光
图 1.7　夜晚的灯光
图 1.8　颇具艺术感的照明设计
图 1.9　极具空间感的照明设计

2 光之所

灯光还可以为人类提供精神上的庇护。有家的地方就有灯，而对于那些出门在外的人来说，酒店就成了他们可以临时依靠的安家之所。

根据不同外出旅行人士的需求，基于接待对象的不同，酒店可以细分为精品酒店、商务型酒店、度假型酒店、奢华型酒店和服务性公寓等。

精品酒店一般指建筑体量较小，但对品质及设计都有较高要求的酒店。相对于传统的连锁酒店品牌来说，精品酒店没有设定统一的设计标准，而是更具自己的独创性，风格多样，其配套设施虽然不敌五星级酒店的奢华，但品质和样式也同样十分精良。精品酒店更多地在于表达创立者的情怀，也是国内目前十分受欢迎的酒店类型之一。

精品酒店的灯光设计主要在于对酒店主题文化的表达。例如重庆仁安山茶酒店，空间设计形式上根植于重庆本土地域文化，采用了"山、水、城、桥"等文化元素。灯光设计的重点是将这些元素凸显出来，空间内处处都能看到灯光对山水之情的表达，"安心""静好""舒适"，正是设计的初衷（图2.1~图2.3）。

图 2.1　重庆圣荷酒店雨棚
图 2.2　重庆仁安山茶酒店客房
图 2.3　重庆仁安山茶酒店大堂休息区

_018
_019

1 光之韵

2 光之所

3 光之实

4 光之思

图 2.1

图 2.2

图 2.3

全球范围内的投资谈判，展览与研讨，商品、技术与服务贸易，经营管理等商务活动的大量增加，为我国商务旅行市场的深化提供了客源基础。有研究资料表明，进入21世纪以后，我国的商务旅游消费正以每年20%的增长率持续扩大。在可以预见的未来，我国将成为全球最重要的商务旅行市场之一。

商务型酒店主要以服务从事商务活动的旅客为主，其风格及功能多是为商务活动而设计的。对商务客人来说，其对酒店的选择首先在于区位，比较看重酒店是否在城市商业中心区。而就客流量来说，商务客人比例占所有酒店入住客人总数的70%以上，且一般也不会受季节或气候的影响。由于商务型酒店接待的多为精英阶层人士，因此对酒店的品位、舒适性和时尚均有较高的要求，并且相关商务配套设备应齐全(图2.4~图2.6)。

图2.4　淄博喜来登酒店大堂吧
图2.5　酒店客房
图2.6　行政酒廊外景

图2.4

图2.5

图2.6

度假型酒店以接待休闲度假的游客为主，是为游客提供住宿、餐饮、娱乐与游乐等多种服务功能的酒店。与一般的城市酒店不同，度假型酒店不像城市酒店多位于城市中心位置。它们大多建在滨海、山野、林地、峡谷、湖泊、温泉等自然风景区附近，而且分布很广，门店遍及全国各地，向旅客传达着不同区域、不同民族丰富多彩的地域与历史文化等。

度假型酒店的配套设施多为客人娱乐而准备，相比于一般的酒店，它们会增加更多的娱乐设施来吸引客流，例如常见的温泉、水上乐园、户外运动场或是山林景观等。这些在大城市难得享受的体验，在度假型酒店里都能一一满足（图 2.7）。因此，目前国内的度假型酒店也在不断地兴起。

度假型酒店的灯光设计是理性与感性的共同体，旨在调节氛围，打造安静、休闲的灯光环境，因此整体亮度会比商务型酒店低，让客人进入酒店的第一感受就是愉悦的、放松的。度假型酒店的灯光设计重点除了室内之外，室外景观及建筑的灯光同样也需要精心考量。灯光设计需要结合酒店的生态环境，比如在温泉度假酒店中，温泉是灯光设计中至关重要的元素，可以从 "水"与"大地"的元素当中汲取灵感，创造出独具特色的风格。这就是用灯光配合酒店的主题来讲述自己的品牌故事，利用灯光的美感表现酒店的特质，还可以在不影响顾客休憩的前提下，通过对细节的刻画，营造出更具吸引力的空间，体现园林风光带来的度假氛围（图 2.8）。

图 2.7　凯里云谷云溪汤泉度假酒店温泉房
图 2.8　酒店入口

_022
_023

1 光之器

2 光之所

3 光之实

4 光之思

图 2.7

图 2.8

2.4 奢华型酒店

奢华，这个词给人的第一印象就是金碧辉煌，因此灯光设计的主要任务也应是传达其奢华的气质。无论是中式豪华宫廷风，还是法式轻奢贵族风，在设计时都不能忽视酒店内部的装饰细节。要凸显空间的层次感，注意灯光与艺术的融合，同时对灯光的品质也有较高的要求。

奢华型酒店多为全球性分布的跨国酒店联营品牌，酒店的设计风格大多体现出一座城市的文化。由于这类酒店入住的并非一般消费水平的客人，因此要求其所提供的服务比其他酒店要高出很多。就奢华型酒店来说，世界各地对"奢华"的需求也是各不相同的。比如迪拜七星级的帆船酒店（Burj Al Arab），随处可见黄金装饰材质，所到之处也都是金光闪闪极尽奢华。正因为极尽奢华，欧美住客反而相对较少，亚洲人尤其中国人反而居多。反观欧洲的奢华型酒店，诸如威尼斯奇普里亚尼酒店（Hotel Cipriani），其主要以意大利15世纪文艺复兴的私邸打造，内部充满了水晶、华丽织物、古董家具和艺术真品。

南京丽笙精选酒店（图2.9~图2.11）在奢华中散发着典雅高贵的气质，无论是色调、装饰、质感、灯光都显得恰到好处，完美地将世界非物质文化遗产——云锦融入每个空间，把文化之美展现得淋漓尽致。

图 2.9 南京丽笙精选酒店大堂

图2-9

图2.10

图2.11

图 2.10　南京丽笙精选酒店宴会厅
图 2.11　南京丽笙精选酒店客房

2.5 服务性公寓

服务性公寓主要是为需要较长时间居住在某一地区的住宿者提供相对持续的食宿服务，它既不同于商务型酒店，也不同于度假型酒店。此类酒店客房多采取家庭式结构，以套房为主，房间大者可供一个家庭使用，小者有仅供一人使用的单人房间。服务性公寓既有一般酒店的管理，又兼具家庭般的服务，多为城市高端人群所使用。

公寓的灯光设计和住宅灯光设计基本相同，既要保证空间的舒适性，又能营造出温暖的家居氛围（图 2.12、图 2.13）。

图 2.12　重庆馨乐庭公寓酒店客房
图 2.13　酒店休息区

图 2.12

图 2.13

3 光之实

灯光设计服务需要对整体照明环境全面负责，解决和照明有关的
美学、节能、维护和环境等问题，专注于创造并提升人类生存空间的
照明环境，把崭新而具有活力的光带给特定建筑的形式及艺术风格。

关于美的本质，古希腊哲学家毕达哥拉斯认为"美是数的和谐"。这一观点，也正好可以作为照明设计这门空间美学的基础。无论是建筑师还是室内设计师，前期如何梦幻般地设想和天马行空般地渲染效果，最终还是要遵循每一个光源的属性，并将其以合理的形式表达出来。

作为特定照明设计的一部分，酒店照明设计是兼具功能实用的硬性标准与注重服务和氛围的软性标准的综合体。对于照明设计师来说，应立足空间设计，并在理解空间设计意图之后，将酒店的空间照明以最现实、最合理、最经济的方式呈现出来。而对于大多数照明设计新手来说，最常见的问题集中在两点：不能整体思考和设计，灵感与常识不能结合。

_032
_033

1 光之器

2 光之所

3 光之实

4 光之思

应该如何解决？

◎整体思考和设计

对酒店来说，环境和氛围是消费的理由之一，因此照明设计其实也是促使顾客消费的一个因素。基于此，酒店的照明设计也应结合酒店的设计和经营，将它们作为一个整体来研究和考虑。整体统一看似简单，但对酒店照明设计的新手来说，往往还是倾向于从局部来进行照明的思考和设计。

虽然是对光的设计，但设计并不是"光的视觉效果"，而是"空间的视觉效果"。甚至光设计本身并不是最重要的，最重要的是通过合理布光，达到与空间视觉效果的完美结合。这种灯光效果不仅需要和酒店空间的设计、服务理念及文化属性相一致，还要对其起到强化作用。

◎灵感与常识相结合

每一位照明设计师都想做出创新的设计，但其实创新设计非常困难。而能够深刻理解常识，并将其灵活使用到不落俗套，这便已经是创新了。除此之外，在具体设计之中，还要追求精致细节的实施方案。所谓高端、奢侈，最注重的便是"细节"。这也是星级酒店"服务（Service）"中后面的"e"所暗示的注重细节（Eye for details）。在这个层面，酒店照明设计更直接暗示出了酒店的服务水准。灵感并不是空穴来风，也不是一瞬间的乍现，而更多是基于对酒店所属地域文化和酒店客户群体的分析，并充分理解酒店品牌本身的含义。在酒店照明设计中，要注重在不同中寻找相同的地方，即异中求同，外表虽有不同的呈现，然而内在精神却是一致的。

流程是设计创作和设计管理中非常重要的一部分，俗语有云"无规矩，不成方圆"。世间万物都有章可依，有迹可循。

3.1.1 概念方案设计

概念方案设计是探寻灯光设计灵感的第一步。理性的灯光设计肯定不是一拿到效果图或者平面图就开始天马行空地随笔涂鸦，灯光设计是需要有艺术创作的，再结合实际来统一考量。因此对于酒店的灯光概念设计而言，首先要做的就是对酒店所处的区位进行研究分析，通过对项目地理位置的了解，可以清楚酒店的设计定位以及需求。其次是对当地文化的梳理，我国自古以来都以文明古国著称，各个地区的文化特色都是独一无二的，若能将这些文化元素融入设计之中，无疑可以起到锦上添花的作用。最后还要充分理解酒店品牌管理方的设计标准及需求，各个酒店品牌都有自己的设计要求及定位，因此在进行概念方案设计时就要将这些想法融入进去。通过这三方面的分析，再结合酒店整体的设计方案，灵感已呼之欲出，基本上可以归纳出专属于酒店自身的设计理念了。只要方向一确定，那之后的设计就非常顺畅了。

一般来说，概念方案设计主要表达的是设计意图。对于灯光来说，就是对已具备规模的设计方案进行夜晚模式的灯光模拟示意。作为室内整体设计的一部分，灯光设计要符合其空间及整体理念，利用灯光来提升空间或装饰的整体效果。高端酒店每个空间的灯光氛围都需要设置不同的场景模式，公共区域的场景模式一般根据时间段来划分。在我们传统的时间观里，一天中最重要的有 8 个小时，也就是所谓的"朝九晚五"，这也基本成了大众日常的作息时间。由于这段时间的客流量是相对较大的，整体的灯光氛围需要看起来明亮、热闹一点，因此酒店的灯光场景在这个时间段里基本都保持在一天当中最亮的状态。随后进入夜晚的几个时间段，灯光场景又可以划分为几个模式，18 点到 20 点的亮度比白天稍微减弱了一些。20 点到 23 点通常是酒店客人比较多的时候，无论是商务客人经过一天的劳累回到酒店休息，还是其他的商务宴请，大部分都集中在这个时间段，因此酒店的灯光场景需要结合不同的空间要求细分每个空间的特性，营造出符合这个时间段的整体灯光氛围，达到人与空间的完美结合。而到了 23 点之后，酒店大部分场所基本进入了休息状态，那么灯光场景就可以被设置为深夜模式，保留一些基本照明即可，这也极大减少了酒店管理运营的成本以及电力能源的消耗，同时也保证了夜晚的安全照明。

灯光设计的层次也至关重要。照明的第一个层次是要利用普通照明使空间更加人性化。漫反射的光不会留下阴影，更容易让人感觉到温暖，这样的照明通常来自壁灯、内置灯、上射灯、天花灯槽的漫反射光等。第二个层次是能产生亮点的装饰灯。装饰灯能增加被照射物的纹理，但若想给予灯光更多想象的空间，必须有很好的基础照明，因为装饰灯光不能提供照亮整个区域的光线，因此需要结合基础灯具来保证整个空间的亮度。第三个层次是利用重点照明使空间更具立体感。重点照明一般用于艺术品及摆设，通常是为了突出被照射物体，从而使空间更具立体感。想要达到这种效果通常用到的是可调角度的射灯及轨道灯等，但是一定要注意灯具与被照物之间的关系，灯光在被照物上是怎样被表现的，是需要经过详细思考与论证的（图3.1）。

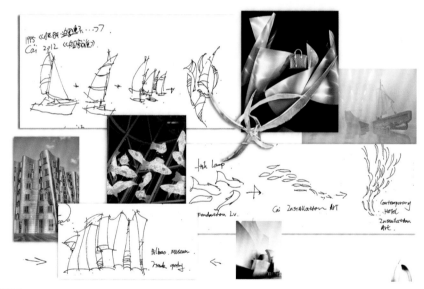

图 3.1

图 3.1　前期设计草图

综上所述，关于灯光的概念部分我们可以总结为以下几点：

◎定位分析

◎交通流线分析

◎空间分析

◎确定设计主题

（1）定位分析

设计前期需要与业主方、酒店管理方、建筑及室内设计师进行充分沟通，了解各方对酒店的定位、要求及标准等。经过具体了解之后，可以更明确地呈现出整体项目的视角、功能分区、占地位置等（图3.2）。

图3.2

（2）交通流线分析

作为室内设计的一部分，灯光设计要符合其空间的特质及整体的设计理念，利用灯光来提升空间或装饰的整体效果。通过图3.3可以看出，灯光设计依附于室内设计，巧妙的灯光设计既展现了艺术感，也起到了指引人流的作用。

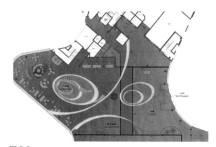

图3.3

图3.2 项目区位分析
图3.3 交通流线分析

_036
_037

1 光之器

2 光之所

3 光之实

4 光之思

（3）空间分析

理解整体项目定位和整体设计概念后，灯光设计师需要根据室内设计师提供的图纸、效果图等资料进行空间分析，根据不同的空间功能设计出相对应的灯光氛围效果（图3.4、图3.5）。

图 3.4

（4）确定设计主题

经过对前面三项的沟通，理解了酒店的定位以及当地的人文风情，再结合室内设计理念，提取出设计元素与主题，就可以创作出属于灯光的概念主题。

图 3.5

图 3.4　前期设计手绘图 1
图 3.5　前期设计手绘图 2

3.1.2 深化设计

深化设计是在确认的概念方案设计文本基础上的进一步深化，最终以 CAD 等软件绘图的形式呈现出来。但在绘制图纸前，设计师要先对空间进行照度分析模拟，即根据酒店不同空间的功能、大小、高度等要求，做出符合空间氛围的照度分析报告。照度分析需要结合建筑的朝向、自然光的强弱以及空间的特点来做出相应的场景和灯光氛围的设定。目前国内的照度计算方法主要有三种：系数法、单位容积法以及逐点计算法。设计师可以选择专业软件来协助完成这一工作。

深化设计包含以下内容：

◎照度分析
◎设计图纸
◎灯具选型
◎控制系统设计

（1）照度分析

照度分析是利用专业的照度计算软件进行建模，在建好的空间内完成灯具的选型和布置，通过计算得到工作面的平均照度和照度模拟伪色图（图 3.6、图 3.7）。

图 3.6

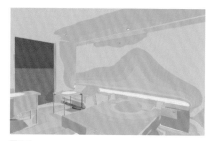

图 3.7

图 3.6　照度模拟效果图
图 3.7　照度模拟伪色图

_038
_039

1 光之器

2 光之所

3 光之实

4 光之思

（2）设计图纸

照明设计图纸包括：灯具布置图、灯具控制回路连线图、立面图及安装节点大样图。

① 灯具布置图。

结合室内设计协调相关的专业，结合天花布局协调风口、喷淋装置、喇叭音响、烟感装置等的位置，才能设计出整洁美观的天花综合布置图（图 3.8）。为了让整体的空间更具氛围感和层次感，结合室内设计的特点还可以在部分区域设计灯带，如床头背板、迷你吧的层板、洗手盆底部、床头柜底部等（图 3.9）。

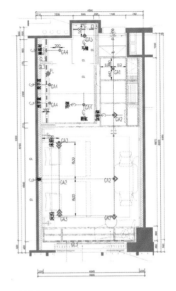

图 3.8

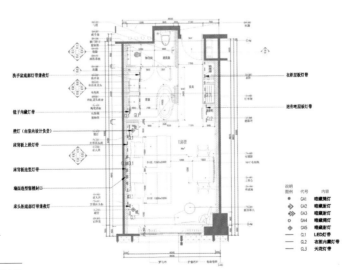

图 3.9

图 3.8　天花灯具布置
图 3.9　地面灯具布置

② 灯具控制回路连线图。

平面和天花的灯具布置完成后，为了与机电专业更好的配合，还需要将灯具综合到一个平面上，并对灯具进行回路的划分。哪些灯具在一个回路上控制，就将这些灯具用线连接为一组，并考虑每个空间分配多少条回路比较适宜，还需要将控制面板的大概位置在图纸上标注出来。用专业的手法来完成每一个设计环节是照明设计的准则（图3.10）。

③ 立面图及安装节点大样图。

为了更加准确地实现空间的灯光效果，使现场的施工人员能够清楚明了地理解设计师的设计意图，需要将立面的灯具位置及局部的灯具安装方式详细地绘制出来，这些图纸越详细越好（图3.11、图3.12）。

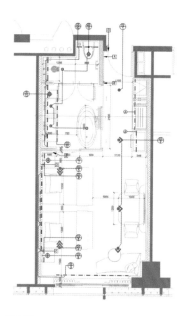

图3.10

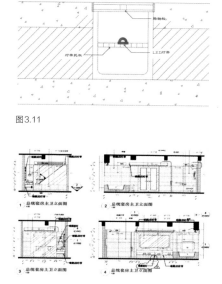

图3.11

图3.12

图3.10　灯具控制回路连线
图3.11　灯具节点大样
图3.12　立面灯具布置

_040
_041

1 光之器

2 光之所

3 光之实

4 光之思

（3）灯具选型

灯具的选型也要在前期综合考虑，包括灯具的外形及表面颜色，灯具形状，开孔尺寸及光源的色温、功率、显色性、光束角等技术要求务必详细（图3.13）。将最终确定的灯具选型做成书面的灯具规范书，这样在后期的供应商招标过程中就可以按照这份文件来准确地执行设计。特别重要的一点是，要注意每个空间内所有不同类型的灯具的统一系列性（图3.14），千万不能在同一个平面上出现大小不一的灯具，这样只会让空间的视觉效果显得凌乱。

图3.13

图3.14

图3.13　灯具选型资料
图3.14　灯具的系列性

（4）控制系统设计

要实现灯光不同场景的转化，还需要一个强大的控制系统来支持（图3.15）。一个好的控制系统不仅能准确地做出场景的编辑控制，还能为酒店后期的运营节约管理成本，同时也避免了能源的浪费，为绿色健康照明做出自己的贡献。

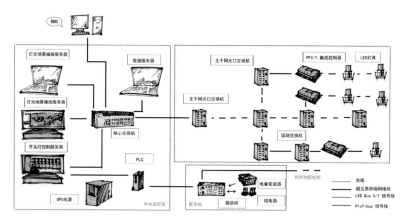

图3.15

通过对照明的智能化控制，对不同空间、不同灯光回路的明暗搭配，可以形成不同的灯光场景。对于一些特定空间，除了要对不同回路进行明暗搭配以外，还需要增加灯光色彩来丰富整个空间的氛围。因此对空间而言，要通过灯光设计来形成不同的灯光场景，营造舒适优雅的环境氛围，满足人们对不同场合的需求。同时，要想通过不同的灯光环境烘托出不同的空间氛围，突出空间的内在精神，在酒店灯光设计中，需要充分理解每个空间的要求及对应的时间段的要求，根据空间功能来设定符合要求的场景。例如酒店的宴会厅（或多功能厅），除了要考虑会议功能灯光的同时，我们还需要考虑不同宴会的灯光需求。一些高级的酒店还会对每种功能进行细分，比如会议功能中要考虑是长条桌会议、报告会还是视频会议等，宴会功能中需要考虑是婚宴（又分为中式婚宴、西式婚宴）还是商务宴会，或者是酒会等。每个功能都需要对应不同的灯光场景。一个好的场景系统必定能为空间增加光彩，也能让顾客有更好的体验，同时也是酒店提升自身价值的方式。

图 3.15　照明控制系统

_042
_043

1 光之器

2 光之所

3 光之实

4 光之用

根据空间的性质，照明设计师必须很好地为空间规划多个不同的灯光场景来满足空间不同时间、不同功能的灯光氛围需求（图3.16~图3.18）。要做到这一点必须要设计一个很好的控制系统，因为每一种灯光效果的实现不仅在灯具本身，更重要的是系统的调节能力。

图3.16

图3.17

图3.18

为了实现后期智能控制系统的效果，在深化设计阶段还需要提供每个区域、每条回路的灯具负荷量，以及空间中设计有场景模式的控制逻辑表，这样在机电深化的时候才能一目了然地了解设计师的意图，完美呈现设计效果（表3.1）。

表3.1　灯具控制回路

控制组别	控制区域	灯类	数量	功率	总耗电量（W）	灯泡类别	控制类别	内容	调控组耗电量（W）
LL-1	大堂吧	L2	40 m	8 W/m	320	LED	DIM	往大堂吧过道 LED 灯带	5
LL-2	大堂吧	A25	20 个	50 W/个	1000	LV	DIM	植物射灯	10
LL-3	大堂吧	A23	9 个	50 W/个	450	LV	DIM	屏风上照灯	5
LL-4	大堂吧	A23	20 个	50 W/个	1000	LV	DIM	暗藏上照灯	10
LL-5	大堂吧	TL	6 个	100 W/个	600	TH	DIM	台灯	5
LL-6	大堂吧	TL	2 个	100 W/个	200	TH	DIM	台灯	5
LL-7	大堂吧	A26	9 个	50 W/个	450	LV	DIM	仿真竹子上照灯	5
LL-8	大堂吧	L2	6.5 m	8 W/m	52	LED	DIM	吧台暗藏 LED 灯带	5
LL-9	大堂吧	L9	25 m	12 W/m	300	LED	DIM	暗藏天花灯带	5
LL-10	大堂吧	A17	8 个	200 W/个	1600	LV	DIM	暗藏双头射灯	10
LL-11	大堂吧	A18	5 个	300 W/个	1500	LV	DIM	暗藏三头射灯	10
LL-12	大堂吧	A17B	3 个	200 W/个	600	LV	DIM	酒柜双头射灯	5
LL-13	大堂吧	A17	6 个	200 W/个	1200	LV	DIM	吧台双头射灯	10
LL-14	大堂吧	L9	48 m	12 W/m	576	LED	DIM	天花灯带	5

图 3.16　班加罗尔喜来登酒店大堂场景 1
图 3.17　大堂场景 2
图 3.18　大堂场景 3

3.1.3 招投标采购配合

设计图纸确定以后，理论上的工作就已经完成了，开始正式进入灯具施工安装阶段，设计师需要同业主一起去实现设计效果。灯具的采购以及控制系统的确定一直是业主后期采购中的重点，因此还需要设计师结合业主方的投资预算，对质量、效果与控制系统的相互匹配等诸多事宜把关，这也是对设计本身的负责。其中最重要的一项任务就是检测灯具样品，如果漏掉了这一步，而让灯具直接进场安装了，那么现场实际出来的灯光效果与设计预想的效果很有可能存在差异，因为没有检测到实物样品之前是无法确定灯具的出光效果及质量是否满足设计要求的（图3.19）。

灯具编号	灯具设计	灯具做工	色温（K）	显色指数	光束角	眩光控制	其他	结论
A2	符合	精致	2671	93	OK	符合	无	OK

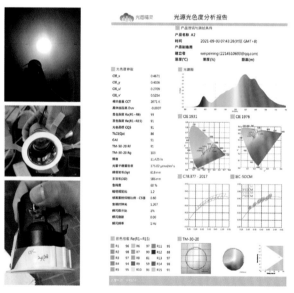

注意：对照明控制系统厂商提交的图纸进行审查，对深化或施工单位提交的施工图进行审查也是需要在这个阶段特别关注的。

图3.19

图3.19 灯具审核报告

_044
_045

1 光之器

2 光之所

3 光之实

4 光之思

3.1.4　施工配合

这个部分主要是针对不同项目的特征来做出不同的安排，总的来说，现场施工方会根据最终确定的图纸进行管线的布置以及灯具安装等工作。如果有些施工方对图纸的理解不充分，又或者施工现场与图纸及其他专业产生冲突的时候，就需要照明设计师亲自出面对与照明相关的现场问题进行处理。根据业主方的要求，可以采用不同的方式来进行协调，比如电话会议、视频会议、电子邮件沟通或直接到现场进行沟通及指导等。目的就是推动设计工作顺利进行，同时也可以保证设计效果的实现（图3.20、图3.21）。

图3.20

图3.21

图3.20　现场施工配合
图3.21　施工现场沟通

3.1.5 调试验收

在做照明设计的过程中，很多设计师可能会被业主质问："为什么这个项目和你表述的效果不一样呢？"这个时候应该如何回答？这取决于设计师有没有完全参与前面每个阶段的工作，如果都参与了，那你就能够很有底气地回答对方："还差最后一步！"如果没有，那这将是你最后力挽狂澜的机会了。

在国内，很多五星级酒店的照明效果方案做得很好，但是最终却没有达到设计要求，这其中可能并不一定是甲方的问题，而是设计师缺乏对灯光的整体考量。很多照明设计师可能会忽略一个阶段，即做完设计到项目空间要使用之前的时间段。在这个阶段，照明设计师必须要到项目空间中去实际调试，这是一个必不可少的环节。作为照明设计师，并不是画完图交出去，把灯安装完就算结束工作了，设计最终效果的实现是需要不断调整的。调试最重要的就是对现场场景的把控，灯光调试就像一场魔术，如何把灯具的位置、照明的层次调整到适合空间本身所要达到的效果，是设计师应该关注和思考的重点。待一切都完美收场后整个设计工作才能完整谢幕，设计师也才可以真正安心地将酒店交给公司去经营。

就现场而言，调试灯光是一项任务艰巨的工程。严谨的照明设计师会根据更多的实际情况来逐一进行的灯光调试和反复的效果比对。通过对灯具的智能化控制，以及与不同空间和不同灯光回路以及空间亮度的明暗搭配，形成不同的场景，从而营造出更舒适的环境氛围，同时衬托出设计者高雅的艺术修养（图 3.22~ 图 3.25 ）。

图 3.22 　成都蒲江花样年福朋喜来登度假酒店客房灯光调试前
图 3.23 　客房灯光调试后
图 3.24 　桂林国际会展中心酒店宴会厅灯光调试前
图 3.25 　宴会厅灯光调试后

图 3.22

图 3.23

图 3.24

图 3.25

通常，酒店有四大重点功能板块：住宿、餐饮、商务接待以及娱乐。其中最核心的功能还是提供住宿和餐饮，也就是通过提供客房、餐饮及综合服务设施向客人提供服务，从而获得经济收益。

随着经济全球化的推进，以及人员流动性的增强，酒店开始兼具餐饮、住宿之外的其他功能，诸如商务会议的组织和接待以及娱乐功能等，这些都是紧随其后延伸出来的功能。而新的商务和娱乐功能的加入，也给酒店本身带来了更多的客源和收益。随着服务功能的不断增多，酒店本身的品质也必须要有同等的提升，因此一般在主体设计之初，酒店管理方就会格外注重酒店品质的形成。作为酒店照明设计师，是加诸完成主体设计之上的设计，照明将如何延伸与扩展既有的设计主题，这是留待照明设计师解决的问题。但在中间过程中，照明设计师就应将灯光设计的建议融入空间设计之中，并始终为实现最终效果与各领域设计师进行交流、合作。酒店的照明设计旨在吸引客人的注意力，传递出酒店的品牌质感，标示相应的主题特质，这三者的设计逻辑是酒店照明设计均要顾及的，而具有情感的灯光设计，更将三者紧密结合起来。于是，酒店照明在设计逻辑上呈现出如下层层递进的关系。

第一层：
星级酒店照明的设计标准。
第二层：
传递出酒店的品牌质感； 指示位置，引起顾客的注意；标示出相应的主题。
第三层：
用有情感的灯光感动顾客。

不同区域提供的服务设施各不相同，因此灯光设计也要分开考虑效果。以下将根据酒店空间功能分布来探讨不同区域的设计手法。根据功能区域，酒店可以大致分为：入口雨棚、大堂、大堂吧、餐饮区、宴会区、会议区、康乐区、行政酒廊和客房区。

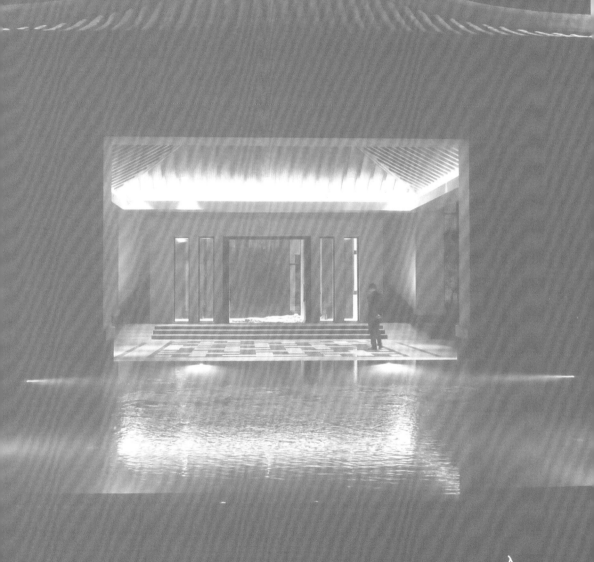

入口雨棚

3.2.1　入口雨棚

酒店的照明设计，分为酒店建筑照明、酒店室内照明以及景观照明三个部分。

入口雨棚介于建筑与室内之间，大多由室内照明设计师来负责。在夜晚，如何突出酒店入口的位置显得尤为重要。在如今灯火辉煌的商业都市，仅靠门头上的发光 logo 字牌是难以吸引人的注意力的，而将雨棚的灯光设计得更加丰富才是引人注目的利器。如果入口雨棚本身的建筑构造比较简单，可以在雨棚上布置下照的灯具来打亮地面，增加门口的亮度，以凸显其位置。同时还可以在门头立柱下方加埋地灯轻轻洗亮，节假日时还可以点缀一些装饰灯来提升气氛。而对于造型比较复杂的雨棚，就需要结合造型来进行灯光的设计。下面将详细讲解这几种类型雨棚照明系统的做法。

根据不同的酒店类型，雨棚分为如下几类：

◎常规雨棚
◎高端商务型酒店雨棚
◎度假型酒店雨棚

3.2.1.1　常规雨棚

如图 3.26 所示，酒店雨棚的高度为 8 m，设计形式看起来并不复杂，作为一家城市闹市区中的精品轻奢酒店，其灯光设计并不需要做得太过抢眼，反倒是营造一种闹中取静的景象更能引人注目，也更符合酒店的品牌定位。因此在雨棚上，设计师采用简单的暗藏灯带加亚克力板的组合形成线性照明的布局。因为雨棚较高，再加上一些下照灯辅助照明，整体看上去也不失时尚、大方。具体的灯光布置和安装节点如图 3.27、图 3.28 所示。

图 3.26

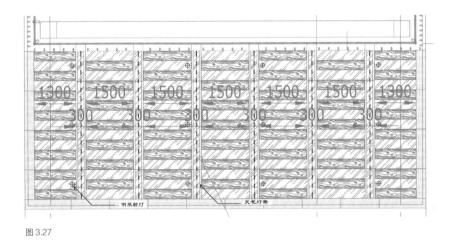

图 3.27

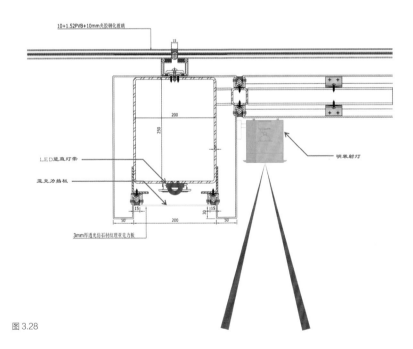

图 3.28

图 3.26　重庆仁安山茶酒店雨棚实景
图 3.27　雨棚灯具布置
图 3.28　灯具安装节点

常规型雨棚的灯光一般用楼宇控制管理系统（BMS）来直接控制，这种系统的优点是方便分时间段来控制灯光。每天 18:00 点到 22:00 点是酒店客流量较大的时间段，控制系统可以设置为让整个雨棚的灯具都开启，而进入深夜模式后，就可以选择保留少数几组回路继续工作，其余的全部关闭。这种方式既方便操作又节省电量，是建筑照明中最常用的一种方式（图3.29）。

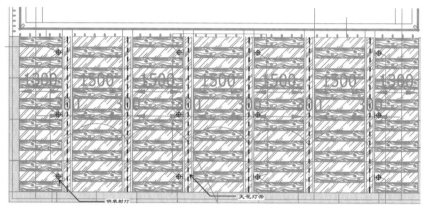

图 3.29

3.3.1.2　高端商务型酒店雨棚

图 3.30 中的雨棚高度为 7.5 m，但是相较于前文的雨棚面积大了很多，结构也更复杂且极具特色，这时就不能简单地装上灯就行。从人的第一视觉来讲，酒店入口雨棚远远看起来星光点点，若隐若现，恍若星辰汇聚于此，让人忍不住想要走近窥探其中的奥秘。

其奥秘就在于这个雨棚的造型融合了具备时尚属性的菱形，而铝板中的镂空部分又正好给灯光留下了发挥的空间。只要在铝板内部有规律地嵌入适量的灯带，拼接成不同的菱形图案，再添加几组下照筒灯补光，就成就了这片浩瀚的"星海"（此区域的灯光布置和安装节点如图3.31、图3.32所示）。室内的大堂并没有装饰任何大型吊灯，雨棚的灯光正好形成了一大片水晶吊灯的意境，看起来同样奢华、浪漫。

_052
_053

一

1 光之器

一

2 光之所

一

3 光之实

一

4 光之思

一

图 3.30

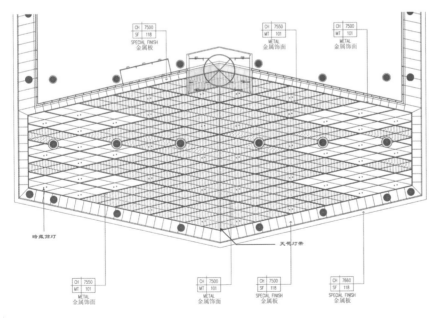

图 3.31

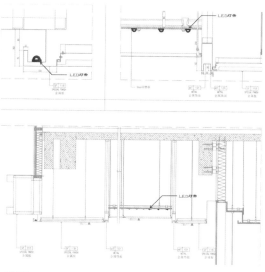

图 3.32

这种比较复杂的灯光设计在控制方式上不能单纯地使用楼宇控制管理系统（BMS）来运行操作，因为雨棚面积较大，涉及的灯具数量也较多，所以更适合用调光控制的方式来满足不同时间段的亮度需求（图 3.33、表 3.2）。

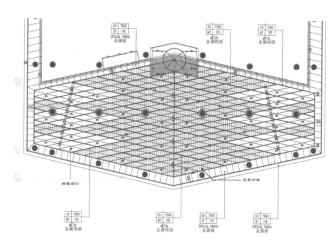

图 3.33

图 3.32 雨棚灯带安装节点
图 3.33 雨棚灯具控制回路

表 3.2 灯具控制回路说明

控制组别	控制区域	灯类	数量	功率	总耗电量（W）	灯泡类别	控制类别	内容	调控组耗电量（W）
BMS-1	外墙	EL1	550 m	18 w/m	9900	LED	BMS	屋顶灯带	5
BMS-2	外墙	EL2	15 m	30 w/m	450	LED	BMS	屋顶灯带	5
BMS-3	外墙	EX1	134 个	14 w/个	1876	LED	BMS	地面射灯	5
总计	—	—	—	—	12 226	—	—	—	—

3.2.1.3 度假型酒店雨棚

为了提供更多与自然贴近的原生态体验感，度假型酒店的雨棚不会设计得过于现代化，一般多采用传统的木质结构来消除建筑物本身的冰冷感。而对于木结构的灯光，照明设计其实是可以做得非常出彩的。因为木材的反射率比不锈钢、玻璃、铝板或大理石等材料要低很多，所以灯光打出来的效果自然也非常柔和、均匀。

如图 3.34 所示，木质结构的雨棚只需要利用暖色温的暗藏灯带来洗亮顶面结构即可，让人走在辽阔的乡野之间也能找到归属感。一般不建议在木质雨棚的屋面上使用明装的射灯来补光，这样会破坏整个结构的形象及特点，但若是对照度要求较高，可以在一些木梁交接处加入小射灯或比较简单的装饰吊灯。注意一定要保证明装的灯具的外壳颜色能融入整个结构的色彩中（图 3.35、图 3.36）。

图 3.34

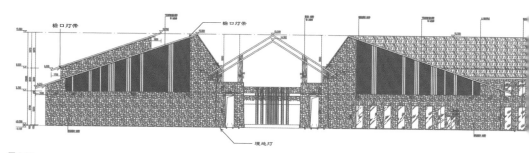

图 3.35

图 3.34　凯里云谷云溪汤泉度假酒店雨棚实景
图 3.35　雨棚立面灯具布置 1
图 3.36　雨棚立面灯具布置 2

_056
_057

1 光之器

2 光之所

3 光之实

4 光之思

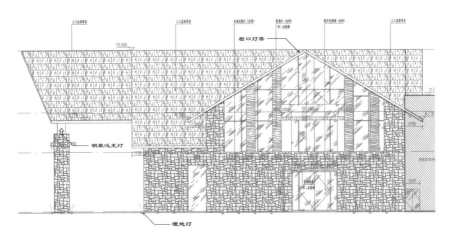

图 3.36

通常，度假型酒店一般都是比较低矮的建筑群，用到的控制方式也同样是BMS（表3.3）。

表 3.3　灯具控制回路逻辑

控制组别	控制区域	灯类	控制类别	内容	清洁	早上	白天	黄昏	晚1	晚2	深夜	特别天气
1F-L-22	雨棚	WL	DIM	柱子壁灯	0	70	0	80	60	40	0	60
1F-L-23	雨棚	L1	DIM	雨棚檐口灯带	0	0	0	80	70	60	60	60
1F-L-24	雨棚	L13	DIM	穿孔铝板内灯带	0	0	0	80	70	60	60	60
1F-L-25	雨棚	A11	DIM	一般筒灯	90	70	0	0	0	0	0	0
1F-L-25A	雨棚	A11	DIM	一般筒灯	90	70	0	0	0	0	0	0

注：表格中数值均代表调光系统中灯具亮度百分比数值（％）。

总体来看，在设计之初对建筑结构的研究是必不可少的。要思考如何利用灯光把建筑的形式表现出来，这既是对建筑设计本身的尊重，也是品牌酒店表达形象的重要方式。

酒店大堂

_058
_059

1 光之器

2 光之所

3 光之实

4 光之思

3.2.2　大堂

就整个酒店的照明设计来说，酒店大堂是对外展示的窗口，也是各空间设计集中展示的地方，从建筑设计、空间设计、VI 视觉系统，呈现出来的有关设计部分十分复杂。作为入口，大堂会给顾客留下第一印象，传递着层次丰富的信息；作为室内，如今许多酒店大堂都使用了透明玻璃幕墙，连接着内部空间和外部空间。

从白天明亮的日光，到傍晚夕阳西下之后的夜幕，天空融入沉沉的蓝黑色背景之中。与白天的亮光相比，蓝黑色的天空给人黑暗、冰冷的感受。这种由于自然变化而形成的视觉反差，让人有一天结束、赶紧回家的潜意识。此时，从办公室透出的冷白光、从商业体投出的五彩亮光、从餐饮店铺投射的招牌霓虹夜晚之中，各种不同的空间开始由光亮标示和区分。对行动目的不同的人来说，不同特质的光源，让人很容易找到方向。而此时，酒店大堂也亮了起来，但与其他办公、商业等消费性空间形成了巨大差异。

以暮色为背景，酒店大堂的照明最重要的是带给人"家"的舒适感。并不需要进入空间之中，舒适感就能借助灯光传递进人们的视觉感知系统。当舒适感到达一定的度，照明也会潜在地激发大脑反馈出"家"的感受。这很像具象写实绘画和抽象写意绘画的差别——照明设计不以"形"取"境"，更像是以"意"传"情"的艺术形式。但无论前者的"视觉"还是后者的"心理"，都是照明设计要做到的。

3.2.2.1　灯光设计

根据空间流线分析，大堂区主要分为：

◎接待处
◎休息区
◎公共流通区
◎公共卫生间

（1）接待处

接待处的灯光和雨棚的灯光作用一样，都需要有明显的指引功能，因此无论何种类型的酒店，大堂区接待处的背面一般都会设置一些艺术装置或者一面造型别致的背景墙。它们在形式上可能是结合了当地的文化元素或者酒店自身品牌的特色，因此灯光除了需要突出这些设计效果来吸引客人的视线之外，还可以利用重点照明来突出这些艺术设计。如利用洗墙灯带或者埋地灯来打亮墙面上的艺术作品等，但要注意背景墙的高度及造型，选用合适的功率及角度。

图3.37展示的是位于山东省淄博市的万豪国际旗下品牌——喜来登酒店（Sheraton Hotel）。与其他酒店不同，淄博喜来登酒店毗邻道路，除了正面有入口外，大堂一侧还另外设有一个入口。对于这种位于繁华市中心道路边的酒店，室内灯光布置要能第一时间抓人眼球，因此仅从外部就能看出大堂的独特风格，灯光也巧妙地将这个空间的特色呈现出来。

一进入大堂就可以注意到接待处的巨幅

造型背景墙，近看会发现它其实是由独立的一小块、一小块陶瓷拼接而成的蓝色砖墙。陶瓷片以蓝色为主色调，中间融入白色陶瓷，让整幅墙面不过于单调，看起来错落有致，十分壮观（图3.38）。如果再仔细研究你还会发现，白色部分的陶瓷墙上还另有玄机，上面描绘的是齐国胜利与繁荣历史的图像。此处艺术概念的设计重点体现了淄博经济繁荣的同时也融入了齐鲁大地的艺术文化特点，例如陶瓷、丝绸、内画艺术等，因此照明设计的重点是凸显这面精美的艺术墙面。

图3.37

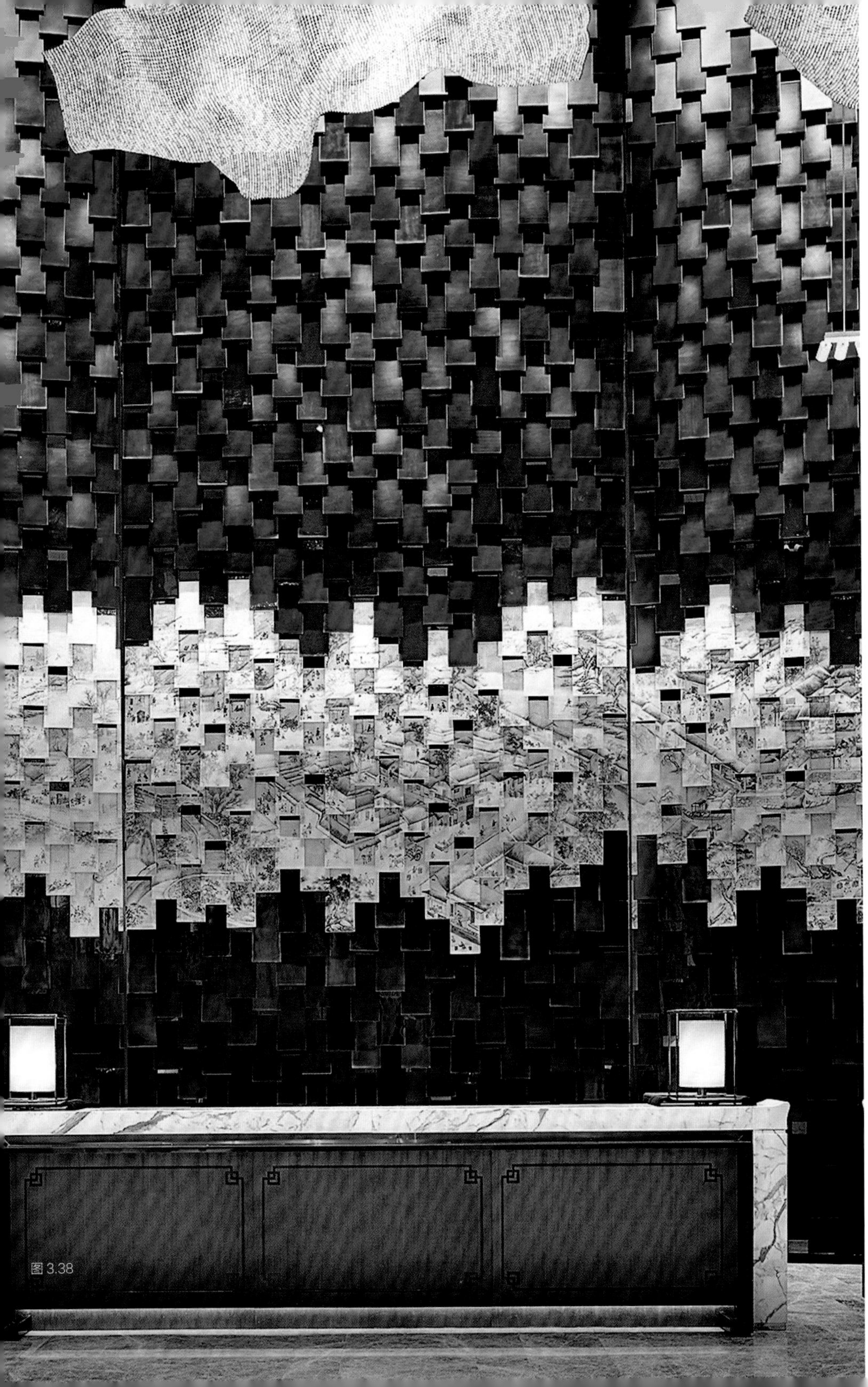

图 3.38

在具体的做法上，要洗亮这幅约10 m×10 m的巨型艺术墙面，理论上是需要大功率的灯具来满足设计要求的，但是如果单纯布置几盏大功率的下照灯来打亮，那灯光在墙面上留下的仅仅只是几道光弧，仍无法均匀地突出整面墙体的特色，立面上的层次感也不明显，而且在处于正面的入口位置采用这种手法也会显得比较突兀。因此设计师摒弃了这一做法，而是根据墙体分割的关系，在三幅砖墙对应的天花吊灯上分别布置了6盏功率在50 W左右的嵌入式小角度（20°）射灯，这样一来就能实现均匀出光的设计效果。在实际的安装过程中，还需要将灯具的角度调到合适的位置，来统一协调整个墙面的出光层次，保证所有的灯光都能由上至下洗亮墙面（图3.39）。

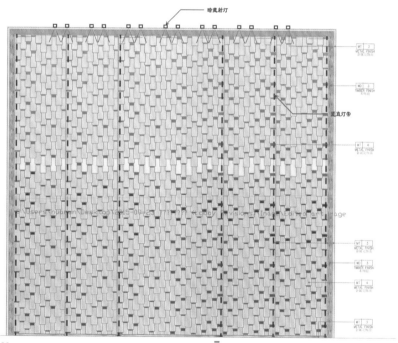

图 3.39

_062
_063

一

1 光之器

一

2 光之所

一

3 光之实

一

4 光之思

一

另外，前台顶部的装饰灯光装置也吸引着客人的目光。由于大堂区域非常高，这里便需要一件具有装饰性的照明灯具来装饰。设计师没有选择常见的奢华水晶吊灯，而是另立新意，用金属丝网薄片制作了一个云朵般的艺术装置。装置本身并不发光，而是巧妙地利用了暗藏在天花顶部的小射灯来形成了一个独特的装饰灯。当顶部的射灯被点亮，垂直射向金属片，灯光便被其不规则的形状散射开来。从大堂抬眼望去，会看到如同钻石般璀璨的光芒，既成了一件漂亮的装饰灯装置，又赋予空间了独特的艺术感（图3.40）。

图 3.40

从立面再往下看，接待台的造型也是值得灯光设计者去斟酌的。接待台算是大堂的"门脸"，需要入住酒店的客人第一时间驻足于此。接待台的灯光设计并不复杂，主要以舒适、功能性照明为主。为了强调氛围感，常见的做法是在接待台底部或根据台面的造型来增加灯带，但也不是所有的接待台底部都需要增加灯光，需要根据整体的灯光氛围来判断光效是否足够。若需要增加灯带，就需要提前在接待台预留好灯槽的位置，以便后期安装。不过在安装的时候一定要注意灯带施工工艺。现在很

多工程为了方便就采用简单的胶粘方式来固定灯带，这样很容易使灯带在后期使用的过程中脱落，直接暴露在接待台外。这对于"门脸"的影响就好比我们看到一位容貌姣好的美女涂了廉价的底妆，一出门遇到太阳暴晒，妆容全部脱落，她在别人心里的形象气质一下就降低了很多。因此设计不能只做表面功夫，这种情况最简单的处理方法是固定好灯带后，再密封一层透光盖板，避免掉落。台面可以再放置几盏装饰台灯，满足客人办理入住登记时的工作照明需求（图3.41）。

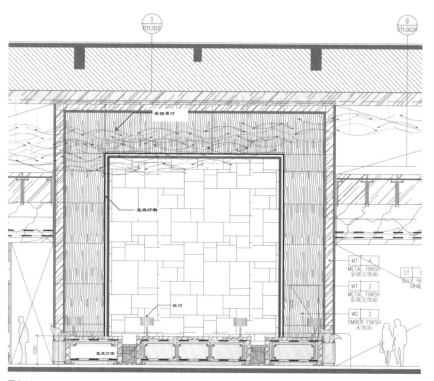

图3.41

图3.41 接待处立面灯具布置

_064
_065

一

1 光之器

一

2 光之所

一

3 光之实

一

4 光之思

一

（2）休息区

　　大堂的休息区是客人在办理入住前稍做休憩或等待的场所，虽然是短暂停留的地方，但也同样需要有精心设计的灯光环境。在满足休息功能的前提下，要保持一个相对较暗的灯光环境，以便让客人放松心情，因此不需要使用太多的灯具，只需要在天花上布置几盏小射灯照亮，在沙发区域或直接在沙发旁添加几盏落地灯，提供氛围照明即可，以此提升格调（图3.42）。

图3.42

图 3.42　休息区效果

一些大堂空间较为紧凑的酒店，可能会在休息区旁设立一些陈列柜来丰富空间的层次感。柜架上可以摆放一些书籍或艺术品等，以供客人在休息之余阅读或欣赏，增添空间的趣味性（图3.43）。在这些层板架上，灯光又能发挥出它的作用，层板下方可以安装嵌入式灯带，营造有氛围感的照明环境（图3.44）。此外，一定要注意沙发区的眩光问题，如果灯带的安装节点无法消除眩光的话，施工时就需要额外增加亚克力挡板来消除眩光的影响，同时避免灯珠外漏的情况出现（图3.45）。

图 3.43

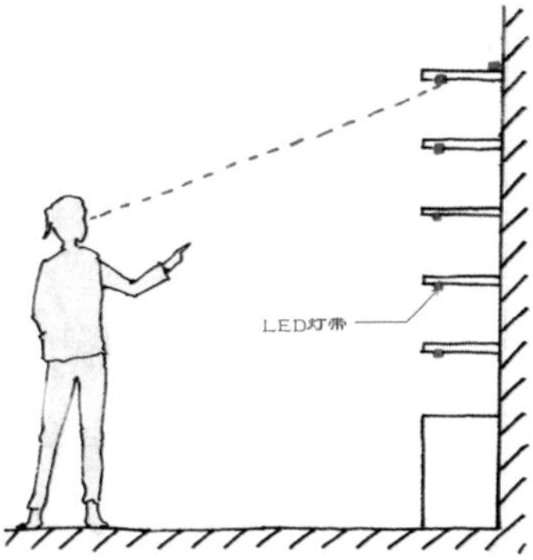

LED灯带

图 3.44

图 3.43　休息区陈列柜照明设计
图 3.44　书架灯具安装位置示意
图 3.45　重庆仁安山茶酒店休息区实景

图 3.45

（3）公共流通区

公共流通区的灯光主要依靠天花上的照明灯具，对于天花较低的大堂，一定不能给人制造出整个天花吊顶到处都是开孔装灯的感觉，这会让整个空间显得非常的沉闷、压抑，让本就不宽敞的空间显得更加局促了，在酒店的照明设计中这种做法是十分忌讳的。同样，在这样的空间中安装大型的装饰吊灯也是不可取的。为了保持整个空间的舒适度及空间感，可以采用嵌入式安装的方式来弥补空间上的不足。

图 3.46 中的精品酒店就采用了目前比较流行的轨道磁吸灯的设计方式。一眼望去，

整个天花看起来没有任何多余的灯光，设计师只用了两排轨道就将整个天花的灯"收纳"得整整齐齐，并且轨道上的灯具也都是分工明确的，统一选用了可以调节角度的轨道射灯。因此无论是接待处还是休息区，都能满足与之对应的照明需求，而公共走道区域也布局了足够的照明。暖色光源与整个大堂的木质吊顶相得益彰，营造出温馨的入住氛围，整个空间也变得非常清爽。

而对于天花较高的大堂，因为空间流线更为广阔，公共流通区也会比较宽敞，除了前面所提到的几个位于大堂中的区域之外，

图 3.46

图 3.46　珠海凯悦酒店大堂公共流通区（图片来源：艾罗照明）

基本上其他大部分公共空间都属于流通区域。为了使这样巨大的空间不显得冷清空荡，需要设计更加丰富的空间效果，尤其在灯光设计上，需要营造照度较为明亮的氛围，让空间热闹起来。

如果想要整体效果统一一些，可以延续大堂中庭的装饰灯具风格，因为这里有足够的空间来展示艺术灯光的效果，同时也为提升酒店的品质添砖加瓦。除了认真考虑装饰灯的造型是否与主题风格搭配之外，还需注意色温也应与其他灯具保持统一。但是装饰性灯具的效果还是比较单薄，还需要丰富灯光的层次，例如利用空间的其他元素来增加一些洗墙照明、重点照明等。

如图 3.47 所示，公共流通区与休息区相连，两侧的墙面为不同的建筑装饰结构，靠入门一侧上半部分是交叉的网状金属结构，而另一侧是凹凸不平的大理石墙面造型，中间的一大片装饰灯基本上已经可以满足流通区的大部分照明需求，只需要在两侧增加一些氛围灯光即可。可以利用暗藏灯具来微微洗亮金属网结构，大理石造型墙的结构可以利用暗藏灯带将墙体线条结构勾勒出来，呈现不同的艺术效果（图 3.48）。

图 3.47

图 3.47　晋江温德姆酒店大堂

图3.48

_070
_071

1　光之器

2　光之所

3　光之实

4　光之思

（4）公共卫生间

除了每间客房单独配备的卫生间，酒店的公共区域也会设有公共卫生间供客人使用。公共卫生间的布局一般来说都是中规中矩的，重点做好基础照明和功能照明即可。洗手盆的照明要集中在器皿的中间位置，引导灯光与被照物之间的联系，选用小角度的射灯安装在器皿中部即可。

常规的公共卫生间还可以适当增加一些镜面或洗手台底部的照明细节，镜面两侧可以增加装饰吊灯或者壁灯，舒缓整个空间的气氛。洗手台底部暗藏灯光，反射出来的光线可以提升空间层次感。但是要特别注意地面及洗手池所使用的材料，避免出现反光现象。如果洗手盆底部有足够空间，应尽量利用嵌入式的灯槽将灯带很好地隐蔽起来，因为当地面铺装材质为瓷砖时，反光就可能非常明显。此外还要考虑增加磨砂亚克力罩或适当调整灯具的功率，避免过度曝光（图3.49、图3.50）。

图 3.49

图 3.48　晋江温德姆酒店大堂
图 3.49　南京丽笙精选酒店公共卫生间

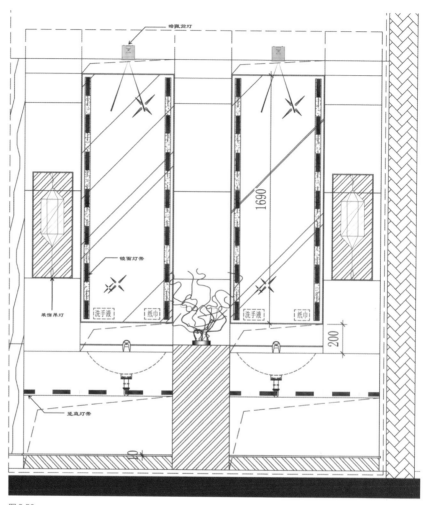

图 3.50

坐便器区的照明方式也是大同小异的。如果坐便器区内没有特别的艺术品装置，那么只需要引导灯光与被照物之间的联系，选用小角度的射灯安装在器皿中部即可。如果有艺术品装置，就需要找到射灯和艺术品装置及器皿之间的平衡关系（图 3.51、图 3.52）。

图 3.50　公共卫生间洗手台立面灯具布置

_072
_073

一

1 光之器

一

2 光之所

一

3 光之实

一

4 光之思

一

图 3.51

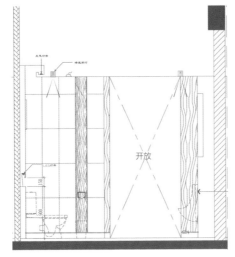

图 3.52

图 3.51　坐便器区灯光实景
图 3.52　坐便器区立面灯具布置

3.2.2.2 控制系统

由于控制系统的技术已经发展得非常成熟，为了保证理想中的灯光效果及后期的正常运营，整个大堂区的灯光建议利用调光控制系统来分时段控制。这种模式可以根据一天的时间变化分为白天、傍晚、深夜，或是更多的时段来进行场景控制，以满足不同时段的灯光使用需求。

实现场景控制的前提，是灯光设计师在确定灯具的布置点位后对每个灯具进行合理的分组。

搞清楚哪些灯具能够合并在一条回路上进行控制，分别起到什么作用，这样就可以组合为不同的场景模式（图3.53~图3.55）。在酒店投入运营前便提前调试，设置好每个场景的亮度值，之后便可根据这些保存的数据自动切换场景。在运营的过程中，如果大堂的布置发生了变化，对灯光有新增的需求，只需要重新利用控制端调整数据，匹配大堂环境即可，而且十分方便、快捷，这也是传统的开关模式无法做到的。

图 3.53

图 3.54

图 3.55

图 3.53　大堂灯光场景——白天
图 3.54　大堂灯光场景——黄昏
图 3.55　大堂灯光场景——晚上

_074
_075

一

1 光之器

一

2 光之所

一

3 光之实

一

4 光之思

一

大堂灯光控制面板的内容，一般可以参考设置为图3.56所示的面板内容，分别为"清洁"、"早上"（06:00—8:30）、"白天"（8:30—17:30）、"黄昏"（17:30—19:30）、"晚上1"（19:30—22:00）、"晚上2"（22:00—24:00）、"深夜"（24:00—次日06:00）、"特别天气"、"上升"、"下降"几个键位。每个对应的按键都可以提前预设好照明相应的数值来形成对应的场景模式，这样后期使用时就十分便捷、明了。

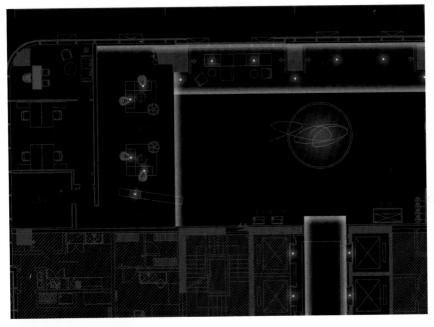

灯光控制方式：调光系统自动转换场景控制（平时为6个场景）

色温： 2700 ~ 3000 K

照度： 100 ~ 200 lx

图3.56

图3.56　大堂灯具点位、控制面板及照度分析

另外，在大堂各个场景时段中，针对不同的照明方式所要体现的照度比例，也可以参考图 3.57 中的控制图（注意：“特别天气”一般是针对因天气恶劣而造成室内环境昏暗的情况）。

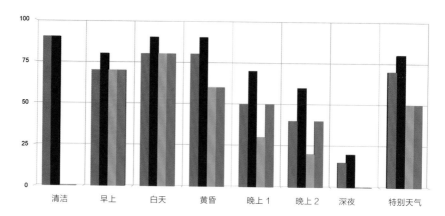

图 3.57

图 3.57　大堂各时段灯光模拟控制

大堂吧

3.2.3 大堂吧

把大堂吧作为单独的一个区域拿出来分析，是因为它与大堂既可以归为一体，又可以独立存在。作为酒店客流量最集中的场所，从酒店运营的角度来说，现在绝大多数的大堂吧都会被开放使用，除了休息的作用，还兼具提供咖啡或者酒水等消费服务，和独立的咖啡店运营模式类似。由于环境开阔、清净，无论是入住酒店的客人还是外来人员都更愿意在这里与朋友叙旧聊天或者洽谈一些商务事宜，因此灯光的设计重点在于营造安静、轻松的氛围。

3.2.3.1　灯光设计

根据不同的功能，大堂吧主要分为以下几种类型：

◎ 传统类型
◎ 空间较大的类型
◎ 特殊类型

（1）传统类型

大堂吧因为具备重要的功能作用，所占用的空间自然也不会小。通常一些面积较大的大堂吧首选位置都不会在大堂中心区域，而是独立位于大堂某侧靠角落的位置。这样既合理利用了空间，也不会影响交通动线，同时还保证了大堂吧的隐私性。和休息区一样，大堂吧也是开放式的布置，在这样开放式的环境里，想寻求一个私人的空间，除了依靠平面布局以外，还可以通过灯光来塑造空间感，尤其是在夜晚，灯光更能带给人隐秘的安全感。

当大堂吧的层高有限时，立面上并不适合布置过多的装饰造型。那么想要让整个空间变得更丰富，就只能从天花和地面上寻找突破口，依靠灯光来强化空间的效果。图3.58中的大堂吧由于空间的限制不适合安装大型的装饰性灯具，而安装过多的下照灯又会使得整个空间显得毫无新意，因此灯光就成了"画笔"，选用怎样的颜料（灯具）就成了设计的关键。最终设计师利用灯带的形式在天花上行云流水般画出了一道道不规则的虚线条。这看起来与装饰灯的造型还有几分相似，正好弥补了艺术观感上的空缺。到了地面，首先要考虑沙发座椅的摆放空间及位置，座位中间的灯光同样是不能缺少的，需要增加几盏射灯补光，还可以再放置一些落地灯来丰富整个灯光氛围。

图 3.58

（2）空间较大的类型

对于空间较大的大堂吧，设计的元素也要更丰富一
些。例如图 3.59 中的大堂吧，看上去其层高比图 3.58
中的高很多，因此立面上墙体的造型就被精心地凸显了
出来。此外，整面的藏酒柜充分体现了这个区域的功能
性质。

图 3.58　顺德保利假日酒店大堂吧
　　　　（图片来源：艾罗照明）
图 3.59　泉州希尔顿酒店大堂吧 1

图 3.59

首先，大堂吧整体空间的色温是统一的。现在高端酒店常采用的色温都在 2700 K 左右，因为暖色光本身会给人一种安稳的感觉。其次是重点照明，为了尊重每一桌客人的隐私，需选择小角度的射灯（根据天花高度确定，比如 6 m 高的天花可选光束角为 20° 的射灯），打到桌面即可，避免灯光直射到人脸部。墙面利用较窄角度的小射灯排列组合来洗亮层板，起到增加氛围照明的作用（图 3.60）。同理，如果吧台底部需要增加照明，或是酒架或陈列柜布置重点照明，可利用层板灯带来丰富结构的层次感，搭配地面的落地灯，让整个空间都安静下来。

除了这些基本的灯具布置外，装饰灯具也是一个突破点。高天花的空间更需要一件具有主题性的照明灯具来进行装饰。奢华的巨型水晶吊灯已经千篇一律，想要创新就必须再思考，因此灯光设计师在设计过程中也要参与进特殊装饰灯具的定制讨论中。还以位于福建省泉州市的希尔顿酒店的大堂吧为例，这家酒店的设计充分体现了泉州当地的文化特色，所用到的装饰灯具都大有讲究。

基于一座城市做设计，自然少不了对城市文化的理解和分析。虽然经济比不上北上广这样的大城市，但泉州在我国文化历史上却占有重要的地位，并且它是"海上丝绸之路"的起点。泉州不仅是一座具有悠久历史的古老城市，还在当代经济、文化发展中也做出许多贡献，走出了蔡国强这样具有强烈创造力的艺术家。相信设计师都知道他的许多作品都与家乡有关，在蔡国强对故乡的表述之中，"船"始终是非常重要的元素，因此照明设计便首先从他的作品中寻找灵感（图 3.61、图 3.62）。

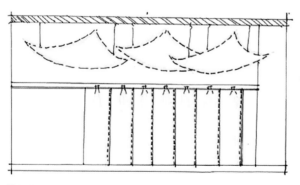

图 3.60

图 3.60　墙面造型灯光示意

_080
_081

—

1 光之器

—

2 光之所

—

3 光之实

—

4 光之思

—

图 3.61

图 3.62

图 3.61 蔡国强"草船借箭"装置作品
图 3.62 蔡国强"九级浪"装置作品

此外，当代建筑大师弗兰克·盖里的作品也给了设计师很多形式方面的启迪。盖里是当代著名解构主义建筑师，以设计具有奇特、不规则曲线造型，并具有雕塑般外观的建筑而著称。他惯常使用多角平面、倾斜的结构、倒转的形式以及多种物质形式，并将视觉效果运用到图样中去（图3.63、图3.64）。

图 3.63

设计师运用了原初设定的蔡国强"船"的元素造型，并结合弗兰克·盖里经典的扭曲形态，将其简化组合，形成了一片片如船帆一般的金属丝薄膜网，再在金属网外侧增加一圈 LED 灯条，就制作成了一个别致的灯光装置。这些灯光装置像船的外形，同时具有海浪翻滚的形状，悬于高处，又有云朵漂浮柔软的特质，"海天共一色"，非常具有地域特点（图3.65）。

图 3.64

从上面这个关于设计的小故事中也可以看出，"匠心"不只是工艺大师们需要具备的优良品质，同样值得每一位照明设计师去学习、发扬。照明设计师要将设计理念化为现实，任重道远。

图 3.65

图 3.63　古根海姆博物馆
图 3.64　路易威登基金会艺术馆
图 3.65　泉州希尔顿酒店大堂吧 2
图 3.66　西安万众 W 酒店大堂吧
　　　　　（图片来源：艾罗照明）
图 3.67　淄博喜来登酒店大堂吧

_082
_083

一

1 光之器

一

2 光之所

一

3 光之实

一

4 光之思

一

（3）特殊类型

在社交场合中，最好的照明方式是让光线从侧面在脸上流动，而灯光设计也应该强调大堂吧的关键元素，比如墙壁、关键艺术品等。如图3.66、图3.67所示，设计的关键点在于将变色灯光和天花的艺术品充分结合在一起，让整个空间的艺术点缀充满活力，同时也吸引了客人的视线。如果光线设计得不好，相当于把装修的钱砸在了人们不会注意到的东西上。

图3.66

图3.67

3.2.3.2　控制系统

　　大堂吧作为独立的存在，其照明控制同样也需要结合灯光控制系统设置不同的照明场景，如图 3.68~ 图 3.70 所示，灯光的明暗程度根据时间段分为很多种模式。

图 3.68

图 3.69

图 3.70

图 3.68　大堂吧灯光场景——高
图 3.69　大堂吧灯光场景——中
图 3.70　大堂吧灯光场景——低

大堂吧的控制面板是需要单独设置的，但是所表现的内容仍与大堂整体保持一致，因此划分的模式也是"清洁""早上""白天""黄昏""晚上1""晚上2""深夜""特别天气""上升""下降"几个键位。由于功能的划分不同，因此照度相较于大堂变化范围也更广一些（图3.71）。大堂吧各个场景不同时段的照明方式所需的照度，可以参考图3.72中的模拟控制。

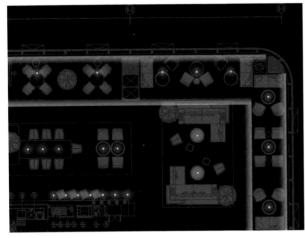

灯光控制方式：调光系统自动转换场景控制（平时为6个场景）

色温：2700 ~ 3000 K

照度：50 ~ 235 lx

图 3.71

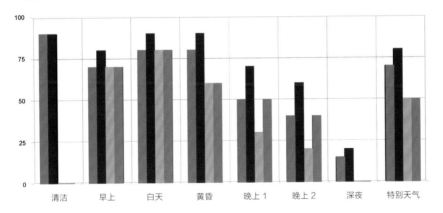

图 3.72

图 3.71　大堂吧灯具点位、控制面板及照度分析
图 3.72　大堂吧各时段灯光模拟控制

3.2.3.3　大堂及大堂吧设计详解

（以杭州新天地丽笙酒店为例）

大堂区的灯光设计主要就是前文讲述的这几点，但也仅仅代表目前国内比较典型、通用的设计手法。随着时代的不断发展，现在各级酒店也在关注年轻一代的需求，一些酒店的个性品牌也在不断被开发出来，且越来越趋于年轻化，比如雅高酒店集团旗下的乔与乔伊（Jo & Joe），万豪国际酒店的慕奇夕（Moxy）都是专门为年轻人打造的。面向当今依赖技术、希望运用现代高科技为自己定制到旅游体验的年轻一代，个性酒店摆脱传统酒店的经营模式，突出体现年轻活力、公共社交、不妥协和及时行乐的态度。酒店的空间设计及功能布局也在随着他们的喜好进行改变。这时候大堂吧的角色也发生了变化，更适合称之为"大堂酒吧"，这里也不再是作为独立商务旅客们昏暗的饮酒交流之地。

随着西方的设计思想不断与我国的传统设计理念碰撞、融合，目前国内一部分酒店在建筑风格上更加注重设计感，设计想法大胆、新奇，与传统的酒店设计风格截然不同。这里以一个比较具备代表性的、位于杭州的新天地丽笙酒店来稍做剖析（图3.73）。

图3.73

图3.73　杭州新天地丽笙酒店接待处

该酒店于 2019 年年底开始试运营，毫不夸张地说，大部分客人一进入酒店就会被接待处的灯光所吸引。这里没有采用上述常用的背景墙设计手法，而是别出心裁地设计了一整片屏风造型的吊顶。设计师在屏风吊顶内部嵌入了灯带，这样在灯光的作用下，整个造型宛若一个轻轻飘浮在空中的大型艺术盒。精致的纹理层层铺叠，让空间仿佛也粼粼流淌起来，整个墙面也延续了这种风格。

接待处的设计也非常简洁明了，素色的接待台上放置有球体的台灯，搭配天花小吊灯起到装饰作用。在每个台面的上方还设计有 3 个嵌入式的筒射灯，以补充整个接待台的工作照明（图 3.74、图 3.75）。

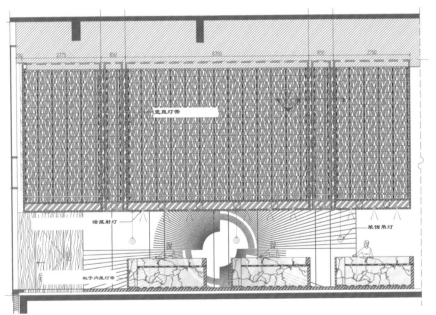

图 3.74

图 3.74　接待处立面灯具布置

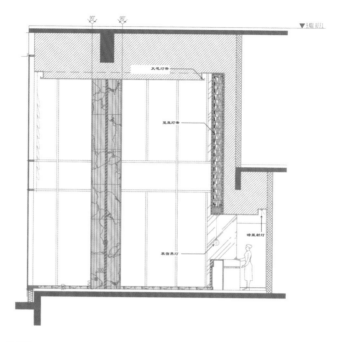

图 3.75

　　大堂最抢眼的地方当属中庭与二层餐厅直接连接的旋转楼梯。入眼便是浓浓的工业风，给人十分震撼的视觉观感。这也成了酒店客人打卡拍照最多的地方，足以说明它的设计是非常成功的。其实，该酒店大堂的层高非常高，而且中间还伫立着四根无法避开的、巨大的圆形立柱。面对如此复杂的建筑结构，设计师可能刚拿到原始图纸就会犯难，但这也恰恰给了设计师无限的想象空间。

　　所谓设计就是不断迎难而上，那些著名的设计作品往往就是在逆境中诞生的。在杭州新天地丽笙酒店，建筑设计师非常鲜明地打破了传统平层的做法，酒店二层为全日餐厅，三层为中餐厅及特色餐厅。设计师直接通过旋转楼梯作为交通动线，将入口的空间，利用结构主义形式完美地呈现出来。科技感十足的旋转楼梯与天花顶部不规则的几何图形棱角分明，刚柔并济， 颇具科幻色彩（图3.76）。

图 3.75　接待处剖面
图 3.76　酒店大堂
图 3.77　大堂立面灯具布置

_088
_089

1　光之器

2　光之所

3　光之实

4　光之思

图 3.76

　　为了凸显这一立体的造型，照明设计上利用了大量的线性照明来勾勒楼梯与天花的结构，并在楼梯玻璃栏杆扶手底部嵌入灯带，曲折的线条感将结构主义表现得淋漓尽致（图 3.77）。

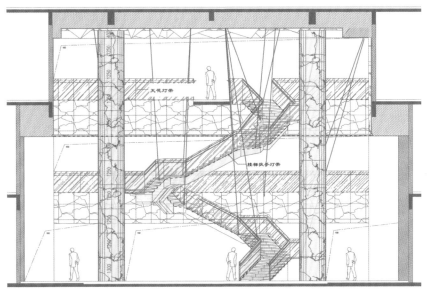

图 3.77

大堂中庭地面设有一片不规则的水景，水景在酒店室内空间也算得上是一种常规做法，但是由于一些结构承重和防水方面存在的风险因素常常让设计师们望而却步。事实上，良好的水景设计会让空间显得很有设计感。

照明设计在追求艺术性的同时，更要充分体现人性化的设计理念。因此在首先保证安全的情况下，灯光设计师在水池步道两侧巧妙地增加了几盏小型埋地灯，主要是为了提醒游客不要踏空。整个水池的边缘也布置了水池灯，进一步增强安全性，同时也与整个立面的线条相呼应。水池内布置了大大小

小的水池灯，用光纤做星空，每平方米大型灯3～4个，小型灯8～10个，利用光纤技术打造了一片水上星空的画面（图3.78）。

设计师同样简洁明了地在天花顶部主体结构内嵌入灯带，保持整个造型不被破坏，大小不一的几何形状在灯光的作用下互相碰撞，形成强烈的视觉冲击（图3.79、图3.80）。当然，这样的设计也不是凭空而来，设计师在设计之初就考察了酒店建立的背景。酒店所处位置的前身为杭州重型机械厂的一部分，老厂房在重新改造设计的过程中，必定能碰撞出许多火花。

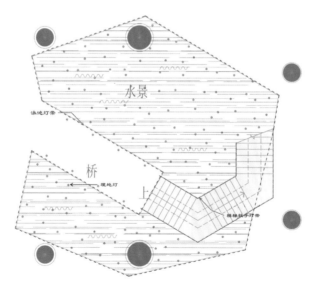

图 3.78

图 3.78　景观水池灯具布置

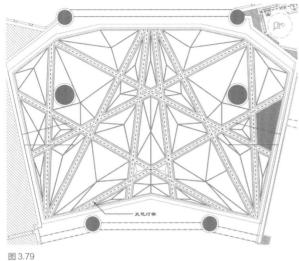

图 3.79

图 3.80

图 3.79　天花灯具布置
图 3.80　天花实景

为了延续整个大堂科技、动感的风格，大堂吧的屏风也被做成了 RGB 变色灯光的模式。当夜幕降临时，这里就成了整个大堂最耀眼的区域（图 3.81~ 图 3.83 ）。

图 3.81

图 3.82

图 3.83

图 3.81　紫色光
图 3.82　粉色光
图 3.83　蓝色光

餐饮区

3.2.4 餐饮区

　　酒店的各项配套设施对客人的入住体验影响是非常大的，其中最重要的一项服务设施就是餐饮服务，这对于快节奏的商旅人士来说尤为重要。酒店餐饮区是为客人提供用餐服务的场所，无论是晨起的第一份自助早餐，还是富有体验感的特色餐，抑或是口味丰富的中餐，餐厅都会为用餐者提供不一样的氛围。餐饮区主要分为全日餐厅、中餐厅、特色餐厅等几类。高档的酒店一般都会设有这几类餐厅，以满足不同人群的需求。有些规模较小的精品酒店可能统一为一种餐厅形式，但同时又兼具了其他功能。

　　根据空间功能，餐饮区主要分为：

◎ 全日餐厅
◎ 中餐厅
◎ 特色餐厅

3.2.4.1　全日餐厅

（1）灯光设计

　　全日餐厅有一个标准的定义，厨房按照国际上五星级酒店的标准，设置一个全天24小时提供餐饮服务，基本的菜品和风格均偏西式。人们都说传统的咖啡厅、西餐厅是最讲究情调的地方，不同的国家有不一样的情调；灯光也是一样，不同的光环境造就不一样的味道。在大众眼里，西式有活泼明朗，也有高雅轻奢；有不拘一格，更有返璞归真。因此想要用灯光打造出高品质的空间，就应该专注把控细节、挖掘酒店文化，让照明设计充满灵感和想象。

　　灯光需要层次。餐厅的照明要求色调柔和、宁静，有足够的亮度，但不需要太亮。特别是在全日餐厅中，由于提供的主要为西式餐点，因此座椅布局上只有散座区。照明设计要将光线集中于餐桌周围，在桌子上方设置一盏射灯就可以满足台面及周边环境的照度需求。这样不仅能够使客人清楚地看到食物，还能与周围的家具、餐具等相匹配，构成一种视觉上的层次，使空间更具立体感，同时也拉近了就餐者的距离，给人亲密放松的感受。当然，避免眩光也是必不可少的，灯具上要注意选择遮光灯罩和适宜的角度。另外，在餐桌四周尽量不要选用上照式灯具，因为这样会与用餐时的情境不相符，也不好处理眩光。图3.84就是很好的灯具点位。

_094
_095

1　光之器

2　光之所

3　光之实

4　光之思

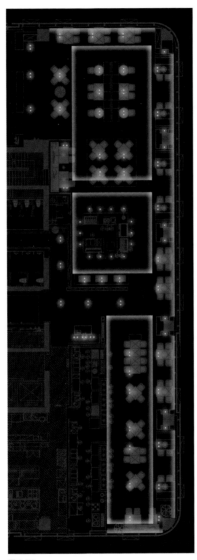

图3.84

图3.84　灯具点位示意

天花灯带的漫反射提供了间接照明，座位处的灯具居中布置，根据座椅的数量合理分配灯具的数量，可以合理减少灯具的布置数量，同时要考虑吊灯的照度（图3.85、图3.86）。

图3.85

图3.86

_096
_097

一

1 光之器

—

2 光之所

—

3 光之实

—

4 光之思

—

全日餐厅的餐食主要以自助餐为主，一般还设有明厨及自助餐台。明厨提供现场制作的热食服务，自助餐台则提供提前制作好的餐食、饮料、甜点等，因此灯光设计的另一个重点就是要把这些功能分区体现出来。自助餐台上的食物应根据类型进行分区摆放，这些形形色色的美食除了可以用小吊灯来照亮之外，还可以用小角度的射灯来重点突出其光鲜的色泽，让食物看起来更加美味（图3.87）。

图3.87

在明厨，主要需要为厨师提供工作照明，除了天花上的灯具外，还可以在吸油烟罩内额外增加灯具。烟罩内的灯具应选用防爆灯具，避免遇热发生爆炸（图3.88）。

图3.85 重庆嘉瑞酒店全日餐厅
图3.86 泉州希尔顿酒店全日餐厅
图3.87 海口华彩华邑酒店全日餐厅角度1（图片来源：艾罗照明）

图 3.88

除了主要的功能照明，全日餐厅的氛围灯光也要做到极致。要强调情调，就应对空间中所有可以利用的元素加以考虑，以呈现更好的艺术视觉效果。

如图 3.89 所示，墙壁上由一块块原木组成的艺术装饰就是很好的传递情调的载体。为了突出这些装饰，设计师在天花靠墙的灯槽内嵌入了一排下照灯来洗亮墙面，不仅布局上具备了重点照明，同时还巧妙地在墙上形成了一排擦墙照明，让灯光氛围更具有情调。

图 3.89

图 3.88　全日餐厅角度 2（图片来源：艾罗照明）
图 3.89　重庆圣荷酒店

_098
_099

一

1 光之器

一

2 光之所

一

3 光之实

一

4 光之思

一

　　在全日餐厅这类偏西式的设计风格中，最常看到的装饰造型还有自助餐台上方的吊架层板，吊架层板上面会摆放各式各样、色彩斑斓的食品或饮料来充当装饰品。在图3.90、图3.91两个全日餐厅的灯光设计中，为了兼顾餐厅的整体亮度及视觉上的亮点，设计师直接采用了成块的发光膜来洗亮整个吊架层板。五颜六色的玻璃瓶在灯光的照射下犹如一颗颗晶莹透亮的灯泡，成为一件造型别致的艺术装饰灯。

图 3.90

图 3.91

图 3.90　顺德保利假日酒店全日餐厅（图片来源：艾罗照明）
图 3.91　长沙运达瑞吉酒店全日餐厅（图片来源：艾罗照明）

全日餐厅中用到层板的地方还有很多，如用于摆放装饰品的层板架、用于摆放餐具的碗碟柜，还有上面提到的吊架等。形式虽然多样，但设计手法基本分为两种：要么是利用射灯进行重点照明，要么是利用线性灯来实现间接照明。

针对层板结构的照明设计应用，利用射灯做重点照明的方式要比线性灯的使用频率稍微低一些，因为重点照明只是着重突出物体的某一部分，而通过线性灯建立的间接照明可以均匀地照亮被照物。虽然两者追求的目标是一致的，但是所表达的灯光效果却不尽相同。当我们遇到图3.92中的吊架，即上方摆放的是少量的绿植、工艺品等，那么照明设计就可以采用小角度的射灯来照亮这些摆设。虽然不是均匀地洗亮整个吊架，但是灯光效果与整个空间的灯光氛围还是协调的。

图 3.92

图 3.92　海南陵水希尔顿酒店全日餐厅

_100
_101

1 光之器

2 光之所

3 光之实

4 光之思

当然，自助餐台下方的碗碟柜也是不能忽略的。和吊架层板不同，贴近地面位置的层板柜不适宜采用从下往上的出光方式来布置灯光。因为碗碟柜需要的主要是功能照明而不是艺术照明，且所处的位置都在离地很近的地方，采用上照方式会让人在取餐具时感到刺眼，所以这里只需要采用下照灯带的方式布置灯光即可（图3.93）。同样，灯带也需要开槽嵌入安装并封盖透光板，而不能直接用胶粘在层板内侧，避免在使用过程中灯带掉落，影响美观，还可以减少后期的灯具维护成本。

图3.93

还有些层板的厚度很薄，可能根本没有灯具安装的空间，这时候如果坚持要采用线性灯的照明方式，那就需要考虑是否能在层板结构上加装辅助结构来实现。如图3.94，在层板内侧加装与结构颜色搭配的黑色钢条，再利用钢条完美地将灯具隐藏其中，同样也收获了我们想要的设计效果。

不过，随着照明技术的不断发展，线性灯的品类一直在不断丰富与进步，基本已经能够满足各种需求。一些极薄的线性灯逐渐被开发利用起来，正好适用于这些地方。

图3.94

图3.93　碗碟柜灯光
图3.94　书架灯光

关于餐厅门口的标识、标牌，如果只追求功能性的作用，那就可以选用简单、实惠的方式，直接用一盏射灯来打亮餐厅入口的标识即可。也有些标识、标牌为自发光的形式，可以根据酒店品牌要求或者和标识、标牌设计顾问一起探讨，完成不同类型的灯光效果（图3.95、图3.96）。

图 3.95

图 3.96

图 3.95　门头标识灯光
图 3.96　重庆圣荷酒店标识牌灯光效果

_102
_103

一　光之器

二　光之所

三　光之实

四　光之思

（2）控制系统

　　灯光设计的重点最后还是要回到控制系统上来。在餐饮区的灯光设计中，同样需要特别强调一点：好的灯光效果也需要好的调光系统来实现。在控制系统中，通过对灯具的智能化控制，根据不同时段调节灯光的亮度和层次，形成不同的场景，从而营造出相应的氛围，并衬托出整个空间对于顾客的用心和高雅的艺术修养。全日餐厅的各个场景

不同时段的照明方式所要体现的照度，可以参考图 3.97 和图 3.98，根据不同时段调节灯光的亮度和层次，分别有"清洁""早餐""午餐""下午茶""晚餐 1""晚餐 2" "停止营业""特别天气""上升""下降"不同的场景，对应不同时间，给人们提供所需的舒适氛围。

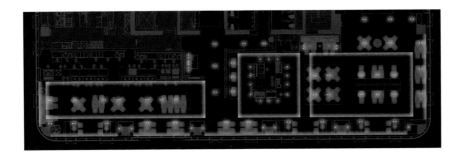

灯光控制方式：调光系统自动转换场景控制（平时为 6 个场景）

色温：2700 ~ 3000 K
照度：200 ~ 450 lx

图 3.97

图 3.97　全日餐厅灯具点位、控制面板及照度分析

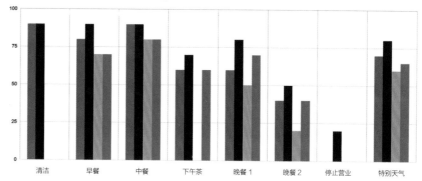

图 3.98

从全日餐厅场景模拟控制图可以看出："早餐"一般是从 06:00—10:30，"中餐"是从 11:30—14:30。这两个时间段是一天之中用餐人数最多的时候，因此整体的亮度基本保持在较高的水平，空间中所有的照明也都处于开启的状态。而进入"下午茶"模式（14:30—17:30），由于客流量相对较少，可以适当减少照明，因此关闭了一些漫反射的灯具；从 17:30 开始，一直到 21:00 属于晚餐时间，餐厅的客流量又会相对增加一些，因此灯光场景可以进入"晚餐 1"模式；

21:00 过后，用餐的客人逐渐减少，因此一直到停止营业前（酒店一般为 24:00），灯光可以进入"晚餐 2"的模式，灯具的亮度会进入相对昏暗的状态。在餐厅停止营业的时间段（24:00—次日 06:00），为了最大程度地降低能源的损耗，大部分灯具都会进入休眠状态，仅保留部分重点照明，满足夜晚值班巡视时的需求。其中，还可以根据深夜的实际经营情况，在没有客人的情况下进入"清洁"模式，完成餐厅一天的清洁整理工作。

图 3.98　全日餐厅各时段灯光模拟控制

_104
_105

1 光之器

2 光之所

3 光之实

4 光之思

3.2.4.2 中餐厅

（1）灯光设计

相比于西式餐厅，中餐厅包含了更多的中国传统文化元素，风格也更具有中国传统特色，因此常用于商务餐饮或正式的宴请活动。在这些重要场合，舒适的灯光当然更能让人用心感受中华传统美食的魅力。

公共的餐饮门店在入门处一般都会设有接待台，酒店当然也不例外。在正式进入餐厅之前，会在外面单独设置一个接待台，供客人登记、咨询等，形式上比一般的餐厅接待台要做得更加精细一些。这里的接待台不像大堂的接待台看起来那么高大、抢眼，更多的是给人亲近、自然的感觉。如图3.99中的接待台，暖色的灯光远远地就能让人感受到舒适、温馨的气氛。接待台底部增加造型灯带，可以突出整个接待区；头顶的装饰吊灯为台面提供基本的照明需求，并提升整体的氛围；接待台后面的背景墙也增加了竖直灯带来构建不一样的设计造型，让整体空间显得更加立体。

图 3.99

图 3.99　杭州新天地丽笙酒店餐厅接待台

进入餐厅，门口还可能会设有等待休息区，供客人用餐前后使用。休息区域的灯光一定要暗下来，因此要尽量减少使用天花灯具，而是利用地面灯具或墙面灯具来分布光源。如图3.100中所呈现的充满无形漫反射光的等待区，利用墙面暗藏灯带及落地灯让整个区域显得温馨静谧，在等待客人较多时，有利于缓解客人急躁的心情。

图 3.100

图3.100　杭州新天地丽笙酒店餐厅休息区

_106
_107

一

1 光之器

—

2 光之所

—

3 光之实

—

4 光之思

—

为了表达更多的传统文化元素，中餐厅的公共区一般会增加一些艺术品，可能包含装饰性绘画、工艺品和室内雕塑作品等，因此在局部的重点打光上也需参照艺术品照明的方式来进行照明设计（图3.101）。

图 3.101

图 3.101　淄博喜来登酒店中餐厅前厅

中餐厅一般分为散座区和 VIP 包房等区域，在布置灯具的时候首先要研究天花的造型，再根据地面座椅的摆放位置及数量合理布灯。比如四人桌，如果是常规的平面吊顶，那么一般沿桌面的中线位置两边对等地布置一到两盏射灯来照亮桌面即可，同时也要与装饰照明相结合，可在墙面、地面或顶部设置装饰灯具，用来烘托艺术氛围，并将中餐厅的一些特色装饰凸显出来（图 3.102~图 3.104）。

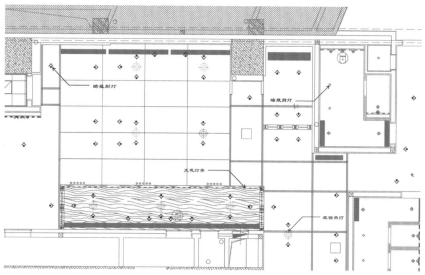

图 3.102

图 3.103

_108
_109

1　光之器

2　光之所

3　光之实

4　光之思

图 3.104

　　VIP 包房一般包含 8 人间、12 人间和 20 人以上的超大包间等，同样需要根据天花的布局和地面座椅的布局来平均划分灯区位置，地面局部会设有装饰灯和底部暗藏灯带，使室内更具层次感和空间感（图 3.105、图 3.106）。另外，包房内还设有休息区及卫生间，也需要适当增加光源，但亮度主要还是集中在桌椅区。中餐厅的照明设计也要着重结合室内设计的特点，衬托整体的环境氛围，通过功能照明和装饰照明相结合的手法来营造整体的光环境，搭配暗藏光源及调光系统，营造别具一格的私人聚会空间，还可以实现不同场景的转换，满足不同客人的喜好。

图 3.102　中餐厅散客区天花灯具布置
图 3.103　淄博喜来登酒店中餐厅
图 3.104　重庆圣荷酒店中餐厅

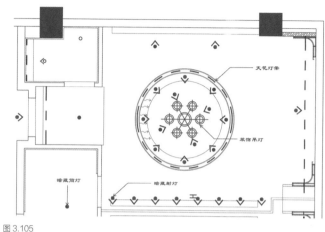

天花灯带

装饰吊灯

暗藏筒灯

暗藏射灯

图 3.105

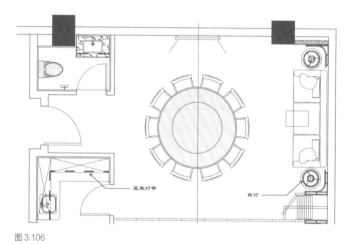

灯箱灯带

台灯

图 3.106

　　其实，专业的照明设计不能只追求一个层次，更需要注意艺术性和功能性的结合。餐厅的灯光除了功能照明以外，还应起到烘托氛围的作用。在舒适幽雅的就餐环境中，灯光能带给人良好的食欲，将餐厅的光影魅力更好地呈现出来（图 3.107、图 3.108）。

图 3.105　VIP 包房天花灯具布置
图 3.106　VIP 包房地面灯具布置

图 3.107

图 3.108

图 3.107　淄博喜来登酒店 VIP 包房 1
图 3.108　VIP 包房 2

中餐厅的菜品丰富、色泽鲜艳，为了突出菜肴的品质及色调，餐桌桌面的照明是设计的重点。最好在餐桌上方用显色性高的光源设置重点照明，将光线集中于餐桌周围，拉近就餐的距离，给人亲密放松的感受。尽管不同区域会运用到不同的灯光设计手法，但整体的灯光气氛基本都是正式的、友好的。室内空间的开敞性与光的亮度成正比，一般

中餐厅照明的照度相较于西餐厅要高一些，因此要合理地根据空间的比例来配光，建议选用高显色性（$R_a \geqslant 90$）的灯光来突出菜品的色泽。只有呈现食物本身的色泽，才能勾起人们的食欲，高显色性暖光照射在食物上不仅不会使食物偏离本色，还会更加突出食物的美感（图 3.109）。

图 3.109

图 3.109　VIP 包房 3

_112
_113

一

1 光之器

一

2 光之所

一

3 光之实

一

4 光之思

一

中餐厅可以采用不同的方案来实现分隔，比如颇具传统风韵的格栅、屏风、层板等。对于空间中的传统元素，如格栅、摆件、装饰画等，也需要用重点照明来强调。

① 格栅。

格栅是最常用到的一种设计形式，洗亮格栅结构的方式有很多种。第一种方式是在格栅上下嵌入灯带来双向洗亮；第二种方式可以直接在天花上加射灯，向下来洗亮格栅；还有一种方式是用埋地灯来向上洗亮，但这种方式并不是特别推荐。埋地灯在室内的使用还应谨慎，一旦防眩光处理不到位，想要的设计效果反倒变成了累赘。图3.110 中的

格栅上部分采用了灯带的形式，下部分利用射灯来洗亮，形成与众不同的设计效果。

② 屏风。

屏风也是中国传统文化的典型代表元素，被广泛应用在酒店室内设计中。一扇屏风可以将空间巧妙地隔开（图3.111、图3.112），这样的做法不仅美观、节约空间，还保护了个人隐私，给客人营造出一种"犹抱琵琶半遮面"的意境。因此餐厅若出现屏风，设计师千万不要错过。若是富有肌理的夹丝玻璃屏风，在边框内部嵌入灯带，可使其变为一片柔美、缥缈的轻纱；若是传统的木纹屏风或现代工艺的不锈钢屏风，设计手法就与格栅类似。如图3.113、图3.114 中的磨砂屏风，灯具将屏风外框微微洗亮，既有氛围感，又极具隐私性，非常自然、美观。

图 3.110

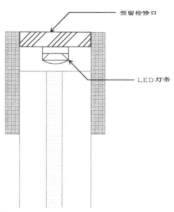

图 3.111

图 3.110　公区过道的格栅造型
图 3.111　屏风灯具安装节点

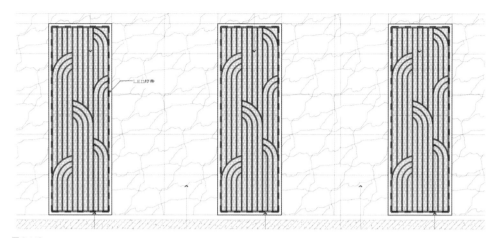

图 3.112

图 3.113

图 3.114

图 3.112　屏风立面灯具布置
图 3.113　海南陵水希尔顿酒店中餐厅 1
图 3.114　中餐厅 2

_114
_115

1　光之器

—

2　光之所

—

3　光之实

—

4　光之思

—

③ 层板。

层板也时常会出现在中餐厅的空间设计中。如图 3.115 所示，利用层板柜来做分隔的设计也不失为一种巧妙的选择。

图 3.115

在中式餐厅的艺术品设计中，我们有机会看到各种各样的我国传统手工艺制品。餐厅的层板上密密麻麻地摆放着大小、形状不一的陶艺作品，这里的艺术品照明就要利用层板架构的优势，使用线性灯的设计方式。首先优先考虑在层板上嵌入 LED 灯带，在层板上开槽有两种方式，一种是下照方式，一种是上照方式，具体根据被照物的特点以及周边的使用环境来决定。这里的陶艺作品都是比较立体的，且位于沙发区，这时候灯光最好是从下往上来洗亮，既能突出艺术品的造型，也可以避免沙发区的客人坐下之后看到刺眼的灯光。灯带可以安装在层板上侧，同时增加亚克力板让出光更柔和一些。

总体来讲，层板灯带详细的安装节点主要有图 3.116 所示几种方式：在层板内部边缘预留凹槽嵌入灯带，灯光间接照射在装饰品上（节点 1、2、3）；在层板中部横截面预留凹槽嵌入灯带，灯光直接照射在艺术品上（节点 4、5）；在艺术品前的层板底部嵌入灯带，以上照式的灯光照射在艺术品上（节点 6）。

图 3.115　三亚艾迪逊酒店中餐厅（图片来源：艾罗照明）

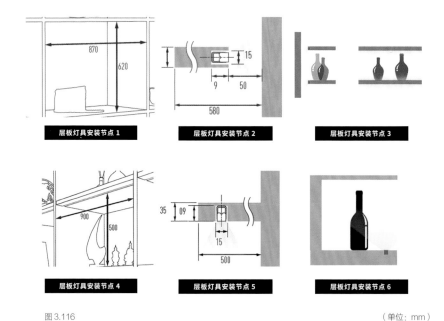

層板灯具安装节点 1　　層板灯具安装节点 2　　層板灯具安装节点 3

層板灯具安装节点 4　　層板灯具安装节点 5　　層板灯具安装节点 6

图 3.116　　　　　　　　　　　　　　　　　　　　　　　　（单位：mm）

（2）控制系统

中餐厅的包房具有一定的特殊性，在常规的公区控制系统基础上智能控制面板可以增加"生日宴会"模式，使设计更加人性化。

中餐厅的控制面板可分为两个区域：一个是散座区，另一个是 VIP 包房。两者的调光控制系统需要区分开来，具体的面板内容如图 3.117 所示。

中餐厅散座区的照明控制内容和全日餐厅相似，一般中餐厅不供应早餐，除此之外，从中午开始两种类型的餐厅整体控制的场景模式基本是一致的，只是灯光的亮度及氛围表现各不相同（图 3.118）。VIP 包房的照明控制则被细分为高、中、低三种不同照度的场景模式，并设有调节亮度的按键，使用者可以选择"关闭""上升"或者"下降"。另外，还针对包房的隐私功能特别增加了"生日宴会"模式（图 3.119）。

图 3.116　層板灯具安装节点
图 3.117　中餐厅控制面板及照度分析
图 3.118　中餐厅各时段灯光模拟控制
图 3.119　中餐厅 VIP 包房各时段灯光模拟控制

_116
_117

一

1 光之器

一

2 光之所

一

3 光之实

一

4 光之思

中餐厅灯光控制方式：调光系统自动转换场景控制（平时为 6 个场景）（左侧面板）

中餐厅 VIP 包房灯光控制方式：调光系统手动转换场景控制（右侧面板）

色温：2700 ~ 3000 K

照度：200 ~ 450 lx

图 3.117

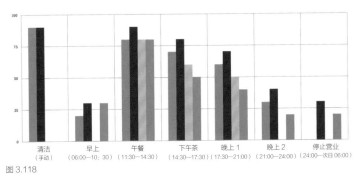

图 3.118

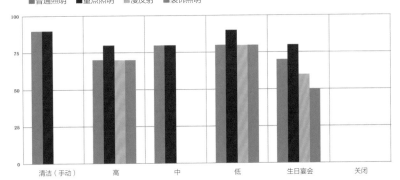

图 3.119

中餐厅早上一般处于备餐状态，不会对外开放，因此这个时间段的灯光并不需要全部开启，保留普通照明和重点照明的灯具工作即可。到了中午用餐的时间再恢复到正常的营业模式。而包房的灯光控制主要是针对不同客户的需求进行设置的，因为是私人的聚会空间，整体的氛围是比较正式友好的，所以灯光的平均照度也要相对高一点（图3.120~图3.122）。

图3.120

图3.121

图3.122

图3.120　包房灯光场景——高
图3.121　包房灯光场景——中
图3.122　包房灯光场景——低

_118
_119

一

1 光之器

一

2 光之所

一

3 光之实

一

4 光之思

3.2.4.3　特色餐厅

（1）灯光设计

特色餐厅是能够提供特色餐饮服务的区域，其空间设计本身就是独具一格的，所提供的饮食服务也是特制的。比如高级酒店中推出的日式餐厅或法式餐厅，其设计风格自然也与前面两种餐厅有所不同。特色餐厅主要是根据其主题而定，而照明设计需要将它们的特色元素提炼出来，并在空间设计中放大。

不同的设计风格会给人带来不同的感受，

如图 3.123 所示，简洁的白色墙面上带有拱形镂空做成的窗户样式的纹理，设计师在不破坏室内建筑的前提下，顺着圆形天花设有一圈暗藏射灯，作为重点区域的照明，在拱形纹理的位置设有灯光以突出艺术美感，墙面上的弧形装饰灯为空间增添了浪漫的氛围，独特的室内设计风格加上灯光的点睛之笔，让整个空间繁简有度，更加凸显其特色和空间质感。

图 3.123

图 3.123　雄安新区木棉花酒店特色餐厅散座区

图 3.124、图 3.125 中所呈现的这个小两层餐厅是比较欧式的，高大的天花、拱形的墙面、黑白拼接的马赛克地砖无不透露着浓浓的地中海风情。天花吊顶上圆形的装饰面也让灯具在布置的过程中跟随这些形状来进行分布，远远看上去倒像是一颗颗晶莹的钻石镶嵌在顶上。除了一直强调的常规桌面照明，独具特色的拱形墙面也被窄角度的小射灯凸显出来。到了二层，拱形墙面则被镂空做成了窗户的样式，设计师在地面上分别布置了一排埋地上照灯来轻轻洗亮这些漂亮的拱形结构，整个空间的层次立刻得到了更加有品位的提升。

辅助灯光对餐厅氛围的营造有着不可小觑的效果。使用辅助灯光有许多方法，比如适当增加一些天花漫反射，餐厅柜内设置灯带，选用小角度的射灯对艺术品、装饰品进行局部照明等。至于立面照度则需要有特点的壁灯对墙面材质和色彩进行描绘，这样才能使环境中有重点和层次，让灯光的节奏更有韵律，因此辅助灯光是为了烘托气氛，让食物的美味和用餐者的心情更上一层台阶。

图 3.124

图 3.124　雄安新区木棉花酒店特色餐厅 1
图 3.124　特色餐厅 2

图 3.125

餐厅入口处的照明需要有明显的指示作用，在做标识设计时应该将餐厅入口考虑进来，即使是隐藏在酒店里的餐厅，也应该有专属于自己的名称，这既便于客人辨别，也有助于对外界宣传餐厅。现在有不少酒店的餐厅因其独特的装饰风格或是坐拥 360°城市夜景，抑或是别样的美味吸引无数人前来"打卡"，成了酒店里最受瞩目的空间，因此这个"招牌"更不能省，灯光也要着重照亮这个位置。在设计形式上，要综合标牌所处的位置及形式进行设计，图 3.126 所示的标牌组合正好位于合页处，可以考虑采用装饰壁灯的形式来照明标牌，同时复古的壁灯造型也有助于提升整个门口处空间的氛围感。

图 3.126

图 3.126　杭州新天地丽笙酒店公共走廊

火锅在酒店中慢慢也占有了一席之地，特别是在川渝地区，很多豪华品牌酒店也引进了这种地域性极强的特色餐饮。

一般火锅餐厅里大量采用的是暖光色调。这种暖光色调和柴火的色彩是接近的，它暗示出类似于篝火晚会的心理体验，而这种体验与原始时期人类围坐在篝火前就餐的体验是吻合的。这种原始的场景和体验实际上已经沉淀进了人类的基因之中。作为照明设计师，要懂得这一点，并将这种情境融入设计之中。

图 3.127

当暖光色调投射到食物上，尤其是投射到肉类食物上的时候，更能凸显出肉质的鲜活特性。当这种暖光投射到滚烫的火锅中时，也增强了火锅的暖色调，使它显得更加地道，也更够味（图 3.127）。

图 3.128

与一般餐馆散乱的灯光照射不同，图3.128 所示的火锅餐厅将照明集中在了汤锅一圈，而在汤锅以外的地方，灯光显得不那么强烈，这种明暗对比层次，是高档餐厅中经常用到的照明手法。尽管只是非常细微的打光方式，但与座位较宽松的排列形式相结合，就与大排档火锅店拉开了差距，凸显出了餐厅的高档品质。

图 3.127　重庆土火火锅馆 1
图 3.128　重庆土火火锅馆 2

此外，这间火锅餐厅的照明还考虑到了空间照明与声音的关系。设计师有意降低了照度，这在一定程度上也有助于减少就餐者说话的音量。在这样的光线里，人更倾向于用比较低的声音交流，而不会像在非常强烈的光线环境里那样大声喧哗。（此处体现出光线与噪声的关系：当光线比较亮的时候，人倾向于用较大的音量说话；在灯光相对比较弱或者比较暗的空间，人就会倾向于用比较小的声音进行交流。这个现象的本质是光线照耀的区域也同时界定了空间的范围，因此在相同面积的空间之中，当光线比较亮或照射范围比较大的时候，空间也就显得比较大；而灯光照耀地方比较小的时候，空间也就会显得比较小。正是在对空间不同面积的感受中，人不知不觉便会放大或压低音量。）

这种照明方式的优点是，让就餐的人围绕在光线周围，因而显得更为亲密。这种亲密感的获得是就餐者对经由照明重塑的空间的感受而产生的。当人们处在各自小的照明区域时，整体噪声都会减弱很多，不会出现大排档中"一声还比一声高"的嘈杂氛围。

这种亲密的关系和比较宽敞的座位分布方式也与一般火锅店不同，通过照明设计自然而然地将不同的就餐客群分离了出来。

对于都市人来说，尤其是商务人士和都市白领，他们抵触日常生活中过度的身体接触。这样的照明与空间环境同时满足了他们既排斥陌生接触，又要容纳接近熟悉人群的情感需求。

火锅店大厅的顶部采用有错落感的灯具，灯光的高度不一。因为高度不一样，又是朝向四面八方发散的球状灯具，所以光线排布得自然而不刻板，并且从远处看，星星点点的灯光散布方式犹如星光，更像是高处俯瞰下的城市灯火。而就人的视觉来说，分散的细小灯光总会带给人莫名的愉悦感（图3.129）。

餐厅中靠近墙壁的散座区域也是非常重要的照明区域，即使靠近墙壁，依然有客人在这里就餐和交流，因此，这个区域靠近墙壁的灯光就要避免直接从顾客的头顶打下来。基于此，照明设计师采取了射灯交叉打光的方式，避免了射灯直接照向顾客的面部，以及射灯从头顶打下来的尴尬。当射灯打向人面部的时候，人脸就会显得非常苍白，还会因为明暗对比过于强烈而显得非常诡异（图3.130）。

而这种交叉形成了"X"形状。"X"代表着神秘和未知，也代表着年轻与活力，是关于科技和未来的图腾，深受年轻人的喜爱。靠近墙壁的地方，除了由上而下的射灯，还有从地上往墙壁打出来的向上射灯，从而形成了呼应关系（图3.131）。

_124
_125

1 光之器

2 光之所

3 光之实

4 光之思

图 3.129

图 3.130

图 3.131

图 3.129　重庆土火火锅馆 3
图 3.130　重庆土火火锅馆 4
图 3.131　火锅馆背景墙

（2）控制系统

因为特色餐厅主要是提供特定餐食的区域，所以餐食服务的时间段是比较固定的，灯光控制的场景如图 3.132、图 3.133 所示，不需要划分得太复杂。一般来说，除了和其他餐厅保留一样的功能调节模式之外，用餐的场景只需要设置"午餐"和"晚餐"的模式即可。不同场景模式的照度比例主要是根据餐厅的主题来设定，偏西式的餐厅主题照度比例要稍微高一些。

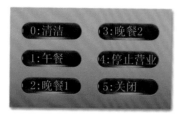

灯光控制方式：调光系统自动转换场景控制（平时为 4 个场景）

色温：2700 ~ 3000 K
照度：100 ~ 350 lx

图 3.132

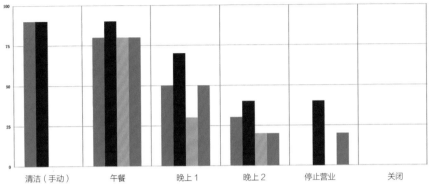

图 3.133

图 3.132　特色餐厅灯具点位、控制面板及照度分析
图 3.133　特色餐厅各时段灯光模拟控制

宴会区

3.2.5 宴会区

　　酒店的宴会区是整个酒店空间中人员密集度最高、灯光变化最繁复的场所，主要用途有举办庆典、婚礼、商品展览展示等各种活动。那么重点打造的就是场景特效所要表达的主题，即将视觉艺术建立在完善的配套设施上，根据实际的需求做好充分的考虑和空间分配，让灯光走进人的潜意识，暗示人们发现生活中更多的美好。

　　根据空间的功能，宴会区主要分为：

◎宴会前厅

◎宴会厅

3.2.5.1 宴会前厅

（1）灯光设计

宴会前厅是正式进入宴会前的一个缓冲区域，其面积一般占宴会厅总面积的30%~35%，门厅内会布置一些供客人交谈、休息的沙发或座椅，在宴会区中占有重要的地位。宴会前厅的灯光需要保持一个相对适宜的照度，一般在200 ~ 300 lx。前厅空间的室内设计相对简单，天花吊顶选用大角度筒灯来照亮过道区域，靠墙位置可预留灯槽，利用灯带来洗亮内墙；立面处理上，与宴会厅相邻的墙面往往以案几等家具或墙面艺术品来丰富空间的视觉效果，可以在这里增加重点照明（图3.134、图3.135）。

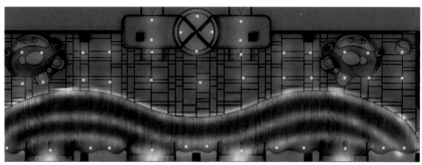

图 3.134

图 3.135

图 3.134　宴会前厅灯具点位示意
图 3.135　淄博喜来登酒店宴会前厅实景

_130
_131

1 光之器

—

2 光之所

—

3 光之实

—

4 光之思

—

若吊顶上设置有大型装饰灯具，就尽量减少天花的灯具布置数量，选用其他立面或地面来分布光源。一些地理位置优越的酒店采光很好，会将前厅设置在紧邻玻璃窗的位置，以获得较好的自然采光和值得欣赏的室外景色。这时候可以适当降低灯光亮度，更多地增加一些艺术性装饰灯，让窗外路过的人也能被里面的光色吸引（图3.136）。

图3.136

（2）控制系统

宴会前厅的场景控制模式主要根据客流量而定，白天和晚上客人较多的时候相对保持在较高的照度，进入深夜后则调整为节能模式，保留部分照明功能即可，具体设定可以参考图3.137和图3.138。

图 3.136　杭州新天地丽笙酒店宴会前厅灯光效果

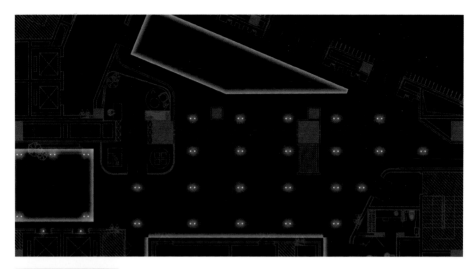

灯光控制方式：调光系统自动转换场景控制（平时为 6 个场景）

色温：2700 ~ 3000 K
照度：100 ~ 350 lx

图 3.137

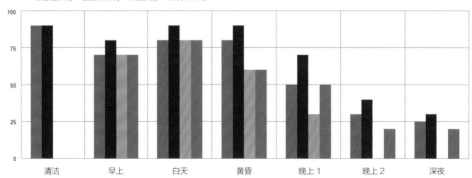

图 3.138

图 3.137　宴会前厅灯具点位、控制面板及照度分析
图 3.138　宴会前厅各时段灯光模拟控制

_132
_133

1 光之器

2 光之所

3 光之实

4 光之思

3.2.5.2　宴会厅

宴会厅是整个宴会区的主场，在室内设计中，宴会厅装饰吊顶的设计形式繁多。五星级酒店的大宴会厅通常都不小于 40 m×24 m（可布置60 个左右的标准桌），净高通常都在 6 m 以上。当不需要过大空间时，可用活动隔墙将大空间分成若干个小空间。常见的宴会厅分割模式有如图3.139~图3.141 所示的几种。

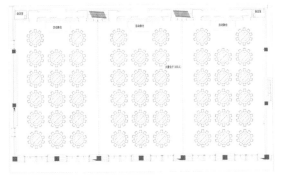

图 3.139

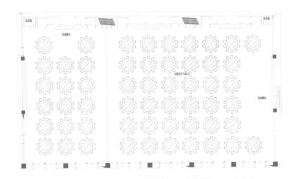

图 3.140

图 3.141

图 3.139　一分为三
图 3.140　一分为二
图 3.141　整体形式

规模较大的宴会厅内的照明由大型主体吸顶灯或吊灯以及各种各样的筒灯、射灯、壁灯组成，要求排列形式多样且均匀有序。基本都是宫殿式的配套性很强的灯饰，让整体造型既能表达出宴请高级贵宾之意，又能展示出动人的光线和充足的照度。照明设计师需要发挥更多的艺术创意，将宴会厅的装饰风格同酒店的整体风格相协调，让庞大的宴会体系通过灯光完美地展现出来。

对于天花由大型装饰灯组合而成的宴会厅，因装饰灯本身的亮度已经为整个空间获得了主要的照明，这时候余下的灯光布置就可以合理地减少一些。根据天花布局的分割关系，在余留的位置整齐有序地布置下照灯具。注意灯具安装的位置与投影仪之间的避让关系，原则上投影仪、广播等可移动的设备在安装定位时，应优先考虑避让灯具。利用灯带来洗亮天花的造型，增加灯光的层次感，靠墙位置用射灯来洗亮（图3.142、图3.143）。

图 3.142

图 3.142　海南陵水希尔顿逸林酒店宴会厅
图 3.143　宴会厅天花灯具布置

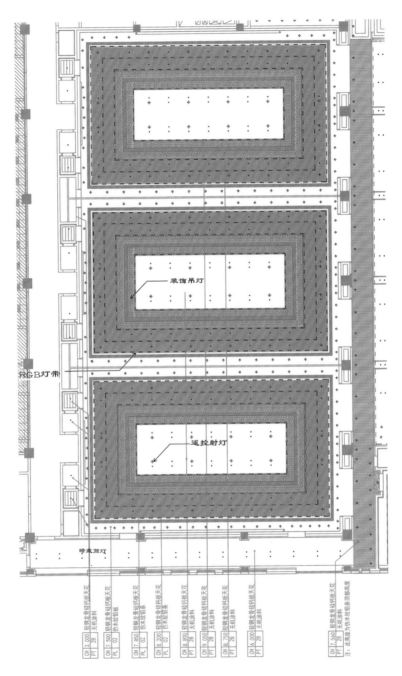

图 3.143

如果不需要大型的装饰灯来布置宴会空间，那么对于室内设计而言，天花的设计形式上就应该尽量多地增加一些可塑性，这样灯光的表现形式才会更加丰富，图3.144所示的天花吊顶就属于可塑性比较强的类型。这个宴会厅的空间面积可达1200 m²，且是无柱式的完整空间，在这个部分的照明设计中，顶部进行了照明区域的分割，根据整个空间的比例关系，将天花平均分成了几个部分，再将每个部分分割为三块大小不同的方形凹槽，中间再用一块纯白的带有图案的PVC板作为整个天花的饰面，以此成就了完美的灯槽造型。照明设计师在每一层凹槽内部嵌入了两条灯带，一条为常规的灯带（色温2700 K），另一条则是RGB变色灯带，基于宴会厅的多功能属性，拥有变色功能是一个非常抢眼的加分设计（图3.145）。整个空间佐以LED照明控制，增设了多达九种色彩的模式，成了整个城市举办婚礼的热门场所。

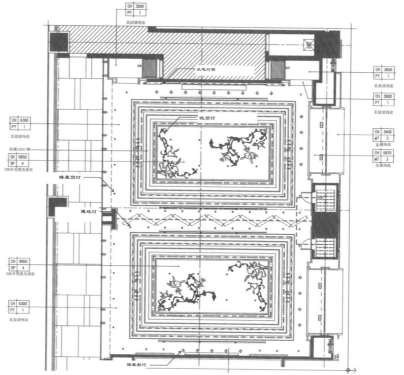

图3.144

图3.144　淄博喜来登酒店宴会厅天花灯具布置

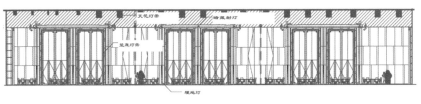

图 3.145

此外，因为整个宴会厅没有豪华的装饰水晶灯，为了营造更加高品质、更加丰富的视觉感受，设计师还巧妙运用了一些不寻常的手法：将饰面上原有的一些图案重新镂空出来，然后利用灯带使专门做成图案的造型变成了一幅会发光的图像，但并不是所有的图案都是亮的。这样设计对装点整个天花起到了很大的作用，整个空间并未因为没有豪华的水晶灯而变得黯然失色，反倒彰显了酒店别出心裁的设计风格（图 3.146）。

图 3.146

图 3.145　宴会厅立面灯具布置
图 3.146　宴会厅实景

对于空间较大的宴会厅，应考虑空间的
先后层次，将主席台、舞台等作为空间第一
个层次予以强化，两侧墙面则可采用装饰壁
灯或重点照明强化墙面装饰材料。对于有条
件的宴会厅，则建议为每张桌子设置重点照
明，以此增强地面与桌面的层次感。

图 3.147

对于小型且高度较低的宴会厅，为了弱化
整个空间的视觉压迫感，宜以功能照明为主，
不建议悬吊装饰灯（图 3.147）。如不得不设
计装饰灯，应采用表面固定或吸顶形式。

图 3.148

由于宴会厅主要用于举办各类婚庆活动、
公司聚餐、大型集会、演讲、报告、新产品
展示或中小型文艺演出、舞会等活动，其氛
围要求基本都是热闹、喜庆的，因此宴会厅
的灯光应优先考虑使用调光系统，利用 RGB
变色照明技术来满足宴会需要的氛围（图
3.148、图 3.149）。

图 3.149

图 3.147　宴会厅灯光场景（图片来源：RCL）
图 3.148　宴会厅变色灯光场景 1（图片来源：RCL）
图 3.149　宴会厅变色灯光场景 2（图片来源：RCL）

_138
_139

1 光之器

2 光之所

3 光之实

4 光之思

根据不同的风格和相关应用场景，宴会厅可以分为以下三种形式：

◎中式宴会场景
◎西式宴会场景
◎会议模式场景

（1）中式宴会场景

我国的传统文化博大精深，越来越多精致璀璨的中国元素走出国门、走向世界。随着设计的多元化，现代的中式宴会厅设计风格已经不拘一格。高挑的梁柱和天花，精致的水晶吊灯，天花顶上一圈圈的灯带，很好地洗亮了整个天花背板，给整个空间增添了特别的色彩。为了表达出中式宴会的喜庆氛围，设计师在色彩的表现上大胆地运用红色、粉色等，这种色彩在传统文化中寓意着花好月圆、温情浪漫。此模式下的灯光需要明亮且提高的照度，让整个空间显得大而通透，处处表现中国红，传达中式宴会的热情与喜悦（图3.150）。

图3.150

图3.150　南京丽笙精选酒店宴会厅中式宴会场景（中式灯光）

（2）西式宴会场景

西式宴会厅深受西方饮食文化的影响，需要打造西方餐饮氛围，烘托出优雅浪漫的情调。一般在西式宴会开始时，桌子周围的环境光会降低，主要展现出桌面的照度，给宾客舒适且隐秘的就餐环境。高显色性的灯光会增加宾客的食欲，让人身心愉悦。色彩上可以运用高雅的紫色和沉静的蓝色，既能表现环境的优雅和舒适，又可以凸显出沉稳和静谧的西式情调（图3.151）。

图 3.151

除了上述的两种色调以外，还有一些颜色也是非常适合的（图 3.152~ 图 3.154）。

图 3.151　西式宴会场景（西式灯光）
图 3.152　西式宴会厅变色灯光场景 1
图 3.153　西式宴会厅变色灯光场景 2
图 3.154　西式宴会厅变色灯光场景 3

_140
_141

1 光之器

2 光之所

3 光之实

4 光之思

图 3.152

图 3.153

图 3.154

（3）会议模式场景

会议模式的宴会场景是一种大型且严肃的场合。主舞台是灯光控制的中心，也是空间中需要强调的重点。场景中人员密集度非常高，因此需要提高整体亮度，保证安全。且就现场氛围而言，不需要过多的装饰灯光，而应以功能性灯光为主，才能让整体会议空间的灯光有呼吸、有节奏，凸显会议的隆重与高大形象（图3.155）。

图 3.155

_142
_143

一

1 光之器

—

2 光之所

—

3 光之实

—

4 光之思

—

在所有模式当中，上述三种模式场景是比较有代表性的。除此之外，还包括酒会场景模式、发布会场景模式、展示场景模式等。不同模式的场景所需的灯光效果是不一样的。

要实现如此强大的功能切换，除了空间本身的布局要考虑周到之外，灯光的控制系统也起到了决定性的作用，具体的控制面板形式及灯光模拟控制可以参考图 3.156、图 3.157。

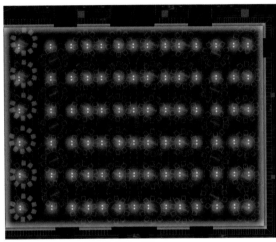

图 3.156

0:清洁	6:中式宴会
1:高	6:西式宴会
2:中	7:投影
3:低	8:关闭
4:上升	9:下降

0:红色	5:蓝色
1:橙色	6:紫色
2:黄色	7:金色
3:绿色	8:彩虹
4:青色	9:关闭

灯光控制方式：调光系统手动转换场景控制（平时为 6 个场景）配合色彩变换

色温：2700 ~ 3000 K
照度：300 ~ 500 lx

■普通照明　■重点照明　■漫反射　■装饰照明

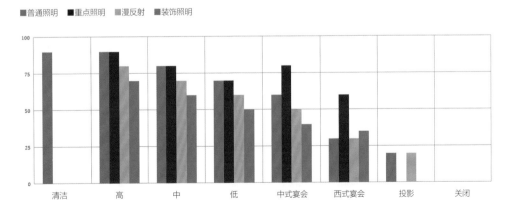

图 3.157

对于举办当地婚礼或者商务宴会较多的酒店，宴会厅的灯光一般都建议做成 RGB 模式，这样可以让整个空间的氛围显得更加热闹（图 3.158、图 3.159）。当然，如果当地习俗有其他的偏好或者酒店品牌自身不选择这种模式，那么控制系统就相对要简单一些，更偏向调节照明回路的明暗程度。

图 3.158

图 3.159

图 3.158　重庆美利亚酒店宴会厅灯光效果 1
图 3.159　宴会厅灯光效果 2

会议室

3.2.6 会议室

会议功能是目前绝大多数酒店都会配备的功能设施，也是酒店运营竞争的主要优势之一。除了宴会厅可以用作大型会议室外，大型的酒店一般还会单独配备中小型会议室来额外满足市场需要。会议室也是对外开放的，使用单位需要提前预订，因此这也是向公众展现酒店形象及品质的重要场所。

3.2.6.1 灯光设计

根据会议室的功能，会议室主要分为：

◎大会议室
◎中小型会议室
◎董事会议室
◎ VIP 休息室

（1）大会议室

面积稍大一点的会议室一般可容纳近百人，适合大型的团体培训会议或研讨会议，桌椅一般呈课桌式排布，规律整齐。会议室正前方设有演讲台及投影幕布，整体的风格显得庄重、得体。与之对应，灯光也应营造同样的礼仪感受，保持明亮、均匀的状态，这既是为了让与会者在较长时间的会议过程中能够精神集中（过于刺眼或昏暗的灯光都会导致人的心理活动不稳定），同时明亮的灯光环境也为一些需要拍摄、记录会议影像的活动提供了比较完美的条件。图 3.160 中的大会议室中间的主讲台墙面设计了一排小角度的射灯来洗亮，尽管中间放置有投影幕布（当投影开启的时候，幕布前面的灯会自动关闭），但是也并不影响灯光的效果及投影效果。

图 3.160

图 3.160　淄博喜来登酒店大会议室

（2）中小型会议室

中小型会议室桌椅的排布方式一般为 U 形或回字形，即把桌椅围合起来，投影仪可以吊装隐藏在天花中间。这种布局适合小团体的工作会议或商务会议，便于与会者近距离参与讨论，也有利于播放幻灯片。灯光均匀地分布在两边，中间位置的灯光主要集中在座椅摆放区（图 3.161）。

图 3.161

图 3.161 中的天花造型中间的吊顶是一个回字形，照明设计上就可以在凹槽内部布置两条灯带来洗亮整个中部的天花吊顶，再将暗藏筒灯两两一组进行分布，为地面的会议区提供功能照明，在形式上摆脱了单调的感觉（图 3.162）。

图 3.161　淄博喜来登酒店中型会议室

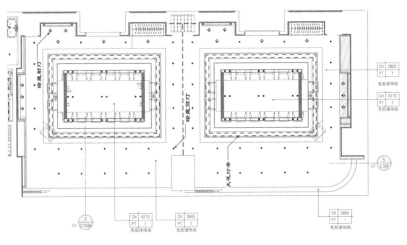

图 3.162

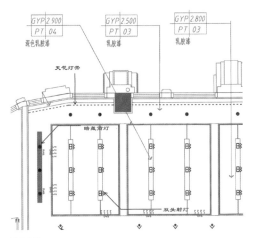

图 3.163

如果是简单一点的设计形式，还可以采用大角度（50°～60°）的暗藏双头射灯。在使用这类灯具时，可以针对不同的会议布置方式随时调节照射的角度，灵活度很高（图3.163）。如果墙面两侧布置有艺术品，还应增加对艺术品的重点照明。这种氛围比大型会议室会轻松一些，更容易拉近与会者之间的距离，促进交流（图 3.164）。

图 3.162　中型会议室天花灯具布置
图 3.163　天花灯具布置

图 3.164

（3）董事会议室

　　董事会议室是整个会议区容纳人数最少，但品质、规格最高的地方，主要的使用对象一般是高级别职位的人物，因此无论是装修、内饰还是灯光设计，都应符合空间的气质。因董事会议室属于比较私密的空间，内部装修上要比公共空间的会议室更精致一些，比如会增加隐藏式的衣柜，采用实木长条桌以及高级座椅等（图3.165）。灯光设计的重点要打在每个座椅对应的工作桌面上，再搭配天花灯带的漫反射及墙体两侧的洗墙照明，让整个空间严谨而不失格调（图3.166、图3.167）。衣柜部分的照明可以采用天花射灯的形式来突出柜门，衣柜内也可以增加感应灯带，进一步体现人性化的灯光设计。

图 3.164　重庆嘉瑞酒店中小型会议室
图 3.165　淄博喜来登酒店董事会议室
图 3.166　重庆丽笙酒店董事会议室
图 3.167　天花灯具布置

_150
_151

1 光之器

2 光之所

3 光之实

4 光之思

图 3.165

图 3.166

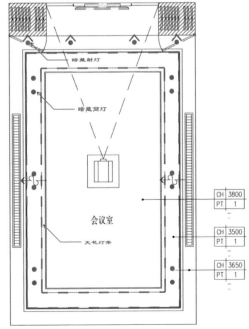

图 3.167

（4）VIP 休息室

VIP 休息室兼具休息功能和商务会谈功能，主要用于领导级别的人物在会议前后进行简短的休息或洽谈，属于比较私密的场所。灯光在延续主会议室设计形式的基础上，亮度适当降低一些，灯具布置的数量也相对减少一些（图 3.168、图 3.169）。

图 3.168

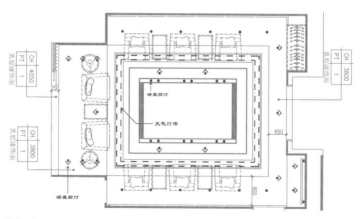

图 3.169

图 3.168　淄博喜来登酒店 VIP 休息室
图 3.169　VIP 休息室天花灯具布置

_152
_153

一 1 光之器

一 2 光之所

一 3 光之实

一 4 光之思

一

当然，上述的灯光设计方法只是针对布局相对简单一点的VIP休息室而言的，图3.170所示的比较复杂的VIP休息室还是要针对室内设计适当增加一些台灯来点缀，艺术品也需要重点照明来突出。

图3.170

3.2.6.2　控制系统

根据会议设施的主要功能，会议室的控制系统场景主要分为"会议""演讲""冷餐""投影"等几个比较典型的模式。相对来说会议模式是照度较高的一种场景，而演讲模式主要在于突出演讲区域的照明；投影模式则需要保持低照度，让与会者能够更加清晰地了解会议讲解的内容；冷餐模式的灯光设计重点主要是突出自助餐台上的甜点、饮料等，每一种场景对应的灯光模式都是非常清晰的，操作起来十分便捷（图3.171、图3.172）。

图3.170　北京锦什坊壹号院VIP休息室

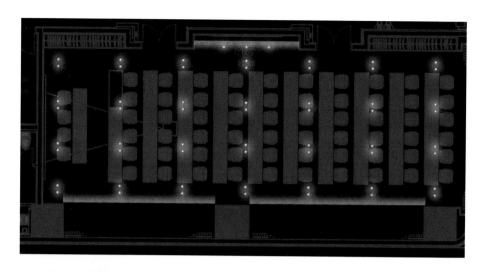

灯光控制方式：调光系统手动转换场景控制（平时为 4 个场景）

色温：2700 ~ 3000 K

照度：300 ~ 500 lx

图 3.171

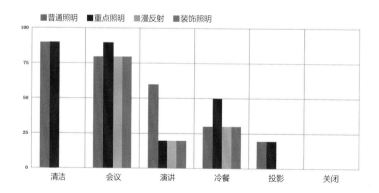

■普通照明　■重点照明　■漫反射　■装饰照明

图 3.172

图 3.171　会议室控制面板及照度分析

图 3.172　会议室各时段灯光模拟控制

康乐区

3.2.7 康乐区

　　酒店康乐区无疑又是一个吸引顾客前来体验的"加分选项"，虽然并不是所有的酒店都有富余的空间来作康乐区，但是无论空间大小，拥有一片康乐区无论是对繁华城市里的商务快捷酒店，还是田野乡村中的旅游度假酒店，都可以起到锦上添花的作用。尤其在现代人越来越追求健康养生的大环境下，康乐区的功能设施也须顺应潮流。

　　根据不同的功能，康乐区主要分为：

◎健身房

◎瑜伽室

◎游泳池

◎更衣室

◎水疗（SPA）

◎棋牌室及桌球室

◎儿童活动中心

　　其中一些设施常出现于度假型酒店中，商务型酒店中还是以健身区域为主。

3.2.7.1 健身房

（1）灯光设计

　　酒店健身房整体的灯光色温与其他独立的专业健身房有些区别。专业的健身房灯光可能会做得比较酷炫一些，而酒店一般追求的是舒适、放松的氛围，因此常见的还是采用与酒店整体协调统一的 2700～3000 K 色温，视觉上也能给人更加统一的感觉（图 3.173）。因为整个空间不会特别宽阔，所以设计上需要满足基础性照明，重视垂直照明，让客人运动时能拥有开阔的视野；以功能为主导，既满足场地照明，亦让人保持专注。主要的设计方式有直接照明和间接照明两种。

图 3.173

图 3.173　海口华彩华邑酒店健身房（图片来源：艾罗照明）

如图 3.174、图 3.175 中的健身房照明设计，天花顶部为木饰面造型，整体色调看起来更加温馨，外围采用内嵌灯带的方式形成漫反射，再根据运动器械的分布区域均匀地布置下照筒灯来满足训练时的照明需求，整个空间没有任何多余的灯光。

图 3.174

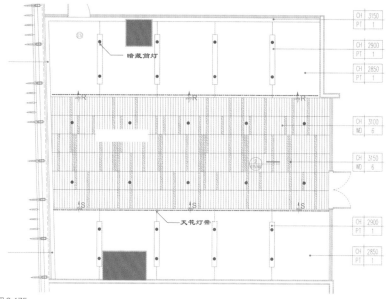

图 3.175

（2）控制系统

　　健身房主要需要比较明亮的灯光环境，因此控制系统基本与大堂空间一样，一般没有特殊的场景需求（一些酒店需要追求时尚、个性的风格除外），也是根据一天当中客流的时间段来控制灯具的亮度，形成不同的灯光场景（图3.176、图3.177）。

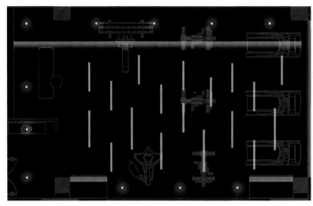

灯光控制方式：调光系统手动转换场景控制（平时为6个场景）

色温：2700 ~ 3000 K
照度：300 ~ 400 lx

图 3.176

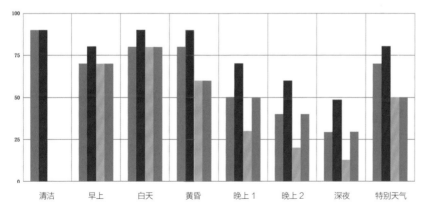

图 3.177

图 3.174　淄博喜来登酒店健身房
图 3.175　健身房天花灯具布置
图 3.176　健身房灯具点位、控制面板及照度分析
图 3.177　健身房各时段灯光模拟控制

3.2.7.2 瑜伽室

瑜伽室的灯光比健身房的要稍微弱一点，因为瑜伽是一项相对柔和的运动，灯光的搭配需要有次序和层次感，不能让人产生眼花缭乱的感觉。另外，灯具数量也不宜过多，而应尽可能采用间接照明的方式来进行设计，简单清爽的灯光布置让人在锻炼的过程中心情也更加放松舒畅。

在照明设计的过程中，一定要避免灯光直射人的身体，光线要柔和、温馨，让人的眼球感到舒适。特别是仰卧的健身区域，抬头满眼都是灯光是最糟糕的事情，会让顾客产生烦躁的情绪。采用半间接、半直接照明的节能条形灯或深度防眩光的 LED 灯具比较合适，如图3.178 中展示的瑜伽室的灯光设计。

图 3.178

图 3.178　济南历下君庭酒店瑜伽室
图 3.179　淄博喜来登酒店游泳池
图 3.180　西塘良壤酒店游泳池（图片来源：艾罗照明）

3.2.7.3　游泳池

（1）灯光设计

　　游泳池的灯光设计原则与健身房相同，除此之外，还要特别注意使用的安全性。游泳池又分为室内游泳池和室外游泳池，室外游泳池基本上只有度假型的酒店才会配置。对于常见的室内游泳池，一般都会设计在酒店靠窗的位置，这里视野开阔，白天可以沐浴暖阳，让更多的自然光照进来，夜晚亦可饱览城市的夜景风光。随着一天当中时光的变化，室内光影流动，宾客在感受城市的繁华与喧嚣之外，还能于此享受一室的静谧。

　　一般而言，不建议在水池正上方的吊顶布置任何下照灯具，以免客人在游泳的过程中产生眩光，造成安全隐患。此外，灯具安装在这些位置也不利后期的日常维修。如图3.179、图3.180中的游泳池天花设计就比较简单，游泳池中间的天花区域没有布置任何灯光，而是沿着游泳池两侧整齐地布置了两排筒灯，为整个游泳池区提供必备的照明，同时水底的大功率射灯也将整个水池清楚地呈现出来，干净而简洁。

图 3.179

图 3.180

对于长方形游泳池，如果想要获得更均匀的游泳池照度，水下灯具应均匀地安装在游泳池长边的两侧（图3.181）。灯具光束角为中宽角度，其出光效率值必须要满足足够的照度要求，安装位置约距离水面400～700 mm深，灯具之间间隔约为游泳池宽度的一半。另外，还应注意灯具安装的高度以及预留足够长的线，以方便维修和更换灯具（图3.182）。

同时还应考虑顶面、墙面及柱面的氛围照明、装饰照明。可在休息躺椅区设置线形灯槽，强化背景墙面，也可采用落地装饰灯具增加氛围；可以用射灯或是地埋灯具强化池边柱子的存在感，也可以安装装饰壁灯柔化空间。灯具的布置方法如图3.183、图3.184所示，最终效果如图3.185、图3.186所示。

图 3.181

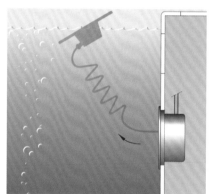

图 3.182

图 3.181　游泳池水下灯具（图片来源：BEGA）
图 3.182　游泳池水下灯具安装节点（图片来源：BEGA）

_162
_163

一

1 光之器

—

2 光之所

—

3 光之实

—

4 光之思

—

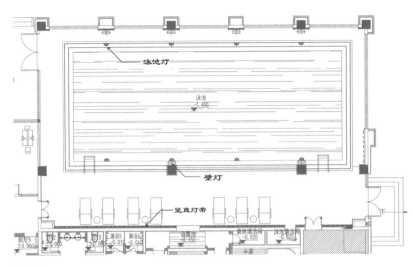

图 3.183

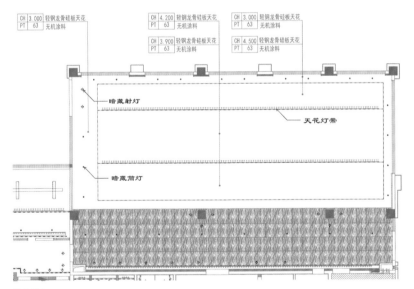

图 3.184

图 3.183 游泳池地面灯具布置
图 3.184 游泳池天花灯具布置

图 3.185

图 3.186

图 3.185　泉州希尔顿酒店游泳池
图 3.186　顺德保利假日酒店游泳池（图片来源：艾罗照明）

_164
_165

一

1 光之器

—

2 光之所

—

3 光之实

—

4 光之思

—

针对室外游泳池，只需要考虑夜晚的照明需求，主要是强调氛围性照明。游泳池内的照明和室内游泳池的设计手法基本一致，也可以根据酒店的设计意向采用水池灯带的方式来增加水面的亮度及艺术氛围。此外，室外休息区的照明会有些不同之处，因为室外区域多设有绿植或伞篷，因此照明设计可以对绿植区或伞篷区的灯光进行修饰。在绿植区设置插泥灯向上打亮植物的轮廓；在伞篷区周围亮度不足的情况下，可以设置几盏装饰灯具；周边如果有其他的建筑，也可加以洗亮，来营造舒适惬意的夜间氛围（图3.187）。

图3.187

图3.187　漳州半月山温泉度假酒店室外游泳池

关于游泳池内的水下灯具，还应考虑节能方面的措施，现在多使用 LED 泳池灯。用于池内的灯具还需注意以下几点：

◎灯具的表面材料应该具有防腐蚀功能，可选用不锈钢外壳或 ABS 塑料外壳，而在酸碱度较高或者温的具有酸碱度的水中甚至还需要合金钢，表面经电抛光处理会更防腐蚀。

◎根据现行国家标准《低压电气装置第 7-702 部分：特殊装置或场所的要求 游泳池和喷泉》GB 16895.19 的规定，所有的水下灯具都必须是在安全低电压中工作，一 12 ~ 24 V。

◎长期用于水下的灯具防护等级必须达到 IP68，对灯具结构来说，必须要能做到灯具内的电线连接处防水，以及在电线破损时仍然能截断水进入灯具。

◎为了延长灯具的使用寿命，灯具内部必须有过热保护装置，以防在游泳池没有水的情况下，灯具长时间点亮过热而损坏灯具。

◎为了方便检修池内的灯具，灯具的预埋件外壳要有灵活的管线连接到游泳池外，并且电线和管线的连接处也是防水的。

（2）控制系统

游泳池的照明控制比较简单，控制面板内容和灯光模拟控制基本如图 3.188、图 3.189 所示即可。因其更强调使用的安全性，照明设计的重点是保持水池有足够的亮度。需要特别注意的一点是，进入深夜后游泳池的灯不能全关，应保留部分重点照明来提醒这里是涉水区域，以免客人发生意外。

_166
_167

一

1 光之器

一

2 光之所

一

3 光之实

一

4 光之思

灯光控制方式：调光系统自动转换场景控制（平时为 4 个场景）

色温：2700 ~ 3000 K
照度：150 ~ 350 lx

图 3.188

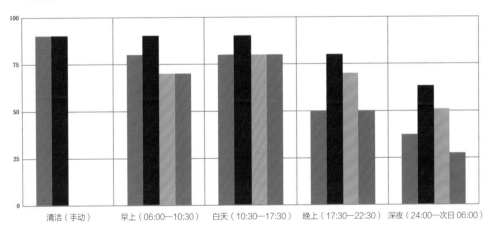

图 3.189

图 3.188　游泳池灯具点位、控制面板及照度分析
图 3.189　游泳池各时段灯光模拟控制

3.2.7.4 更衣室

更衣室是健身区的主要配套设施，用来临时存放衣物、更衣梳洗等，整体空间以实用性、舒适性为主，美观性为辅，灯光分布均匀，方便客人在这里整理仪容（图 3.190）。更衣室内可采用暖调筒射灯作为基础照明，梳妆区可以采用 4000 K 左右的冷白色灯光，让面部更加清晰自然。此外，还可以设置镜面灯补充面部灯光，镜面灯一般可采用装饰壁灯，也可采用镜灯一体的做法。建议在更衣柜内设置感应式照明，打开储物柜自动变亮，方便顾客拿取柜内的物品。

图 3.190

图 3.190　凯里云谷云溪汤泉度假酒店更衣室

_168
_169

1 光之器

2 光之所

3 光之实

4 光之思

3.2.7.5　水疗（SPA）

（1）灯光设计

SPA 常见于度假酒店内，灯光以柔和为主，整体的灯光环境比其他区域要暗得多。无论是在公共区域还是房间内，均可采用装饰壁灯、吊灯、台灯、线性暗藏灯带或者蜡烛等来营造 SPA 区域的氛围（图 3.191、图 3.192）。房间内的按摩床可设置重点照明打在床的中下部，避免直射头部区域，给顾客刚进入空间时提供一个视觉焦点，之后在顾客按摩前可以由服务技师通过控制开关进行明暗调节，避免灯光过于刺眼（图 3.193）。

图 3.191

图 3.192

图 3.191　晋江温德姆酒店公共区域走道
图 3.192　SPA 接待区

图 3.193

（2）控制系统

在 SPA 区的控制系统设计中，控制面板上的内容也需要根据空间的功能来进行合理地配置，分为"欢迎""更衣""理疗""欢送"等几种特别的模式，可以满足不同的服务场景需求（图 194、图 195）。

图 3.194

灯光控制方式：调光系统自动转换场景控制（平时为 4 个场景）

色温：2700～3000 K
照度：50～200 lx

图 3.193　南京丽笙精选酒店 SPA 房
图 3.194　SPA 房灯具点位、控制面板及照度分析

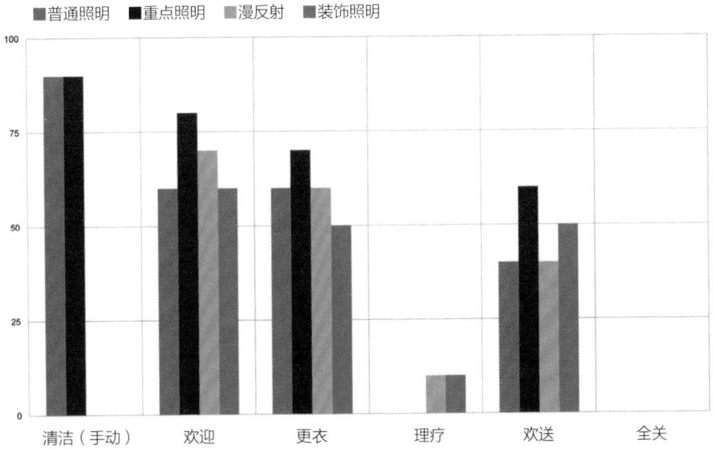

■普通照明　■重点照明　■漫反射　■装饰照明

图 3.195

3.2.7.6　棋牌室及桌球室

棋牌室作为酒店的配套娱乐设施，其照明设计的重点主要在于桌面上的照明，整体的亮度设计也是为了确保空间拥有柔和、舒适的氛围。如图 3.196 所示，可在桌面上方直接安装一盏吊灯进行功能照明，还可以在房间的两侧使用下照灯具或者落地灯来作为补充照明氛围（图 3.197）。

图 3.196

图 3.197

图 3.195　SPA 房各时段灯光模拟控制
图 3.196　重庆圣荷酒店棋牌室
图 3.197　海南陵水希尔顿酒店棋牌室

桌球室和棋牌室一般设置在同一个区域，都是为客人闲暇时提供娱乐的场所，因此照明设计方式也和棋牌室相同，不需要太多复杂的元素（图 3.198、图 3.199）。

图 3.198

图 3.199

图 3.198　廊坊鲁能文安希尔顿酒店桌球室
图 3.199　重庆圣荷酒店桌球室

_172
_173

—

1 光之器

—

2 光之所

—

3 光之实

—

4 光之思

—

3.2.7.7　儿童活动中心

（1）灯光设计

　　儿童活动中心同样也是度假型酒店的热门区域，随着近年来亲子旅游的趋势越来越火热，酒店在满足了成年人的需求后，也是时候考虑如何留住孩子们的心了，毕竟孩子才是亲子旅游的关键人物。小孩子大多喜欢探索新奇的事物，儿童活动乐园里到处都是各种各样的游乐设施，而灯光的作用就是在保证安全性的同时，提供丰富多彩的照明环境。图 3.200 是比较典型的儿童活动区的灯光，明亮而充满活力。

　　如果追求酷炫一点的风格，那么利用变色的灯光正好能激发孩子更大的兴趣去探索（图 3.201~ 图 3.203）。

图 3.200

图 3.200　成都黑龙滩地中海俱乐部酒店儿童活动区灯光效果

图 3.201

图 3.202

图 3.203

图 3.201　儿童活动区变色灯光效果 1
图 3.202　儿童活动区变色灯光效果 2
图 3.203　儿童活动区变色灯光效果 3

儿童区域的设计应更具童趣和创意，以此为底图，将灯光融合于建筑本身，天花上的灯具依天花形态均匀排布，间接的线性照明可以依附于天花造型、墙面装饰、游乐设施，起到延展空间形态、丰富视觉效果的作用（图3.204、图3.205）。

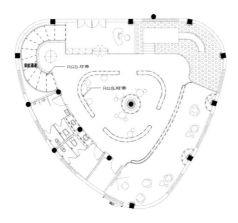

图 3.204

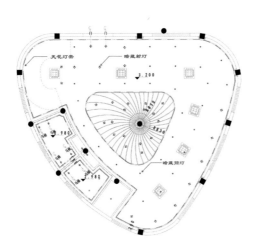

图 3.205

图 3.204　儿童活动区地面灯具布置
图 3.205　儿童活动区天花灯具布置

（2）控制系统

　　儿童活动区需要充满活力、动感十足的灯光氛围，控制系统方面也应与之匹配。对于需要变色的活动区域，面板上应增加对应的色彩按键模块来一键实现不同的场景切换。儿童活动区的具体控制面板内容及灯光模拟控制可参考图 3.206、图 3.207。

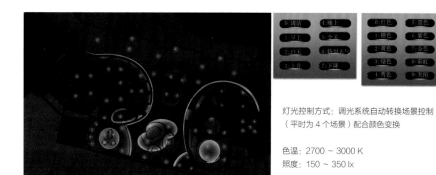

灯光控制方式：调光系统自动转换场景控制
（平时为 4 个场景）配合颜色变换

色温：2700 ～ 3000 K
照度：150 ～ 350 lx

图 3.206

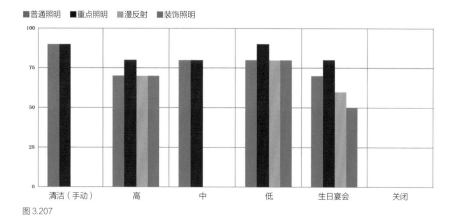

图 3.207

图 3.206　儿童活动区灯具点位、控制面板及照度分析
图 3.207　儿童活动区各时段灯光模拟控制

行政酒廊

3.2.8 行政酒廊

3.2.8.1　灯光设计

行政酒廊的英文名为"Executive Lounge"或者"Club Lounge"，可简单理解为高端客人休息室，一般只对酒店的VIP或入住行政层的客人免费开放，是商务人士出入较多的场所。行政酒廊和飞机商务舱比较像，商务舱的客人可以享受贵宾登机待遇，不用排队面对嘈杂的人群，而且还可以享受更高质量的飞行体验和餐食。行政酒廊的作用也是如此，它提供了一个更加私人的场所，为客人在喧闹的酒店中营造一个更舒适的环境，因此此处的灯光设计必须要给这些重要的客户留下最好的印象。

行政酒廊里到底有些什么服务呢？首先，当然还是最重要的餐食服务，基本上入住在行政楼层的客人都会直接到这里进餐，并且这里也是全天免费供应各种咖啡、饮料等服务的，因此在这个区域的灯光亮度与之前提到的餐饮区的亮度大体相同，主要还是注意灯光明暗、虚实的层次结合，并针对不同的功能区提供相应的基础照明（图3.208）。

图 3.208

图 3.208　淄博喜来登酒店行政酒廊

_178
_179

1 光之器

2 光之所

3 光之实

4 光之思

其次是商务区，主要是为客人提供商务服务或阅读服务。商务区的灯光相对较弱，注重营造空间的隐私性，灯光设计的重点依旧是打在桌面上，同时满足阅读照明。此外，行政酒廊的装饰设计一般都是偏商务风格，简约而不失奢华，因此对装饰性的家具及艺术品可以通过重点照明来强调。采用不同的配灯以拉开空间层次，见光不见灯，利用暗藏筒灯或射灯，赋予整个空间简洁大方的气质。同时也可以根据白天到黑夜的变化设置调光（图 3.209）。

图 3.209

最后，行政酒廊还会配备一个 10 人左右的小型会议室，专供商务客人使用。灯光设计与董事会议室的设计原则类似，重点是会议桌面的照明（图 3.210）。当然，若房间内设有衣柜，也可以用重点照明突出。

图 3.209　南京丽笙精选酒店行政酒廊 1

图 3.210

行政酒廊最亮眼的地方就是它所包含的休闲娱乐功能，是个谈生意的好地方。在亚洲，尤其是在我国，很多生意人更愿意把生意放在酒桌上来谈，而行政酒廊的酒吧区，就正像是一个装修高档，还放着舒缓音乐的高级"酒桌"。无论是在室内还是室外，灯光都需要营造出有安全感的光环境氛围。除了吧台处的主要照明外，其余地方只需要一些间接性的照明即可，例如地面的装饰灯、屏风内安装的暗藏灯带等（图 3.211~图 3.214）。

图 3.210 南京丽笙精选酒店行政酒廊 2

图 3.211

图 3.212

图 3.211　重庆圣荷酒店行政酒廊
图 3.212　淄博喜来登行政酒廊室外照明

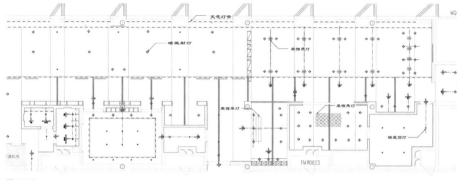

图 3.213

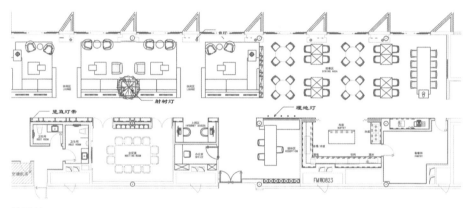

图 3.214

3.2.8.2　控制系统

　　行政酒廊兼具休闲及餐食等服务功能,因此在照明控制上和酒店其他的餐饮区比较相似,也可以分为"早餐""午餐""下午茶""晚餐""休闲"等几种场景(图 3.215、图 3.216)。休闲模式一般设置在沙发区,灯光场景要比用餐区域的场景暗一些,以保护客人的隐私。

图 3.213　天花灯具布置
图 3.214　地面灯具布置

_182
_183

1 光之器

2 光之所

3 光之实

4 光之思

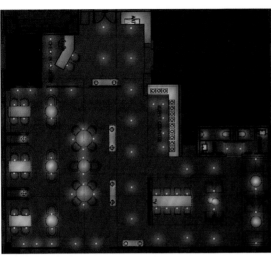

灯光控制方式：调光系统自动转
换场景控制（平时为 4 个场景）

色温：2700 ~ 3000 K
照度：100 ~ 350 lx

图 3.215

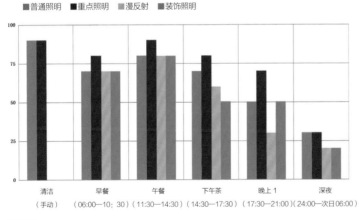

图 3.216

图 3.215　行政酒廊灯具点位、控制面板及照度分析
图 3.216　行政酒廊各时段灯光模拟控制

客房区

_184
_185

1 光之器

2 光之所

3 光之实

4 光之思

3.2.9 客房区

有人认为："灯光会指引人们的眼睛，它照亮了什么你就会看到什么。"细想事实也的确如此，当然从专业的角度来说，人们其实是跟着照明设计师的指引从光的维度去了解空间。灯光设计作为调节情绪与氛围的主要媒介，在客房设计中有着不容忽视的作用，好的酒店可以让我们切实体验到服务的真诚、设计的真心、归家的真实之感。客房的灯光主要营造安静柔和、舒适怡人的环境，搭配人性化的灯光控制方式，用有剧情的灯光更能让人感动（图3.217）。

客房区是整个酒店功能区域中是最核心的部分，无论是对于忙碌的商务旅客，还是悠闲的旅游人士，这几十平方米的小房间都可以作为他们临时停靠的港湾。虽然这里没有家中熟悉的气息，但用心的酒店一直都在致力于为客人提供最舒适的入住体验，从各方面去营造家的氛围。客房区是整个空间环境中最贴近人与生活的表达，更能带动服务者与被服务者之间的情感交流。客房区一般可容纳200～300个房间，主要包括大床房、双床房、套房、总统套房、客房走道及电梯厅。

图 3.217

图 3.217　南京丽笙精选酒店客房

客房是顾客在酒店中最为私密的个人空间，为了给出门在外的顾客营造一种家的温馨感，客房氛围的营造就显得尤为重要，而灯光作为一种有效调节室内氛围的工具，在客房设计中起着不容忽视的作用。通常通过床头照明、台面照明、休息区照明等来满足客房室内的一般照明，这样的照明组合能够使整个房间显得温暖安逸，充满格调（图3.218）。

作为私人空间的客房，同样是以暖色调为主的灯光模式，敞亮又舒适的休息环境让客人有归家的温馨感。同时，为需要独立空间来处理工作的客人精心设计宽敞舒适的智能化办公区，浴室风格现代时尚，所有客房均可一览美景，工作休闲轻松切换，让您尽情放松。灯光也需要根据办公、淋浴等相应场景对应设计，以契合整个客房带给客人的协调感受，不至增加空间的杂乱感。

图 3.218

图 3.218　南京丽笙精选酒店客房卫生间

_186
_187

1 光之器

2 光之所

3 光之实

4 光之思

根据不同的房型，客房区主要分为：

◎标准房（大床房和双床房）
◎普通套房
◎总统套房
◎客房卫生间
◎客房走道及电梯厅

3.2.9.1　标准房（大床房和双床房）

（1）灯光设计

大床房与双床房在设计形式上其实可以视为一种相同的房型，两者主要区别在于床的数量及尺寸，以及空间家具的摆放位置，因此在灯光设计上，这两种房型是可以相互参考的。

进入客房，休息放松是最主要的目的，因此灯光应更加集中地以暗藏灯、天花灯槽等较为隐蔽的照明方式为主，见光不见灯，避免灯光刺激到眼睛而干扰了顾客的睡眠。

图 3.219～图 3.221 所呈现的效果就是利用天花灯带的照明方式来为整个卧室区提供普通照明，在桌椅上方布置筒射灯，打造重点照明。在地面照明布置中，在床头背板处设计了暗藏灯带洗亮背景墙，同时借用两侧的台灯补充装饰性照明，提供基本的阅读照明功能。一旁的沙发区设置有落地灯，可以供客人在上床休息前躺卧放松。整个房间基本没有任何刺眼的光，房间内的工作照明需求也通过射灯及壁灯来同时满足，布置方式如图 3.222、图 3.223 所示。

图 3.219

图 3.219　重庆圣荷酒店大床房（角度 1）

图 3.220

图 3.221

图 3.220　重庆圣荷酒店大床房（角度 2）
图 3.221　重庆圣荷酒店双床房

_188
_189

1 光之器

2 光之所

3 光之实

4 光之思

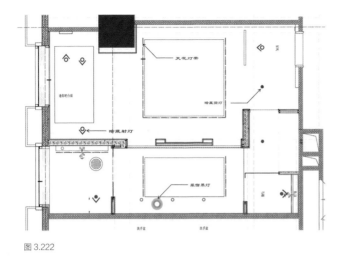

图 3.222

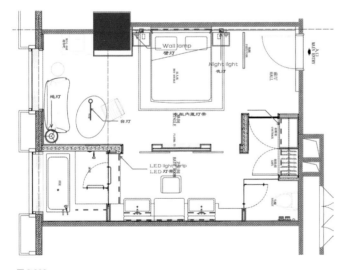

图 3.223

图 3.222　大床房天花灯具布置
图 3.223　大床房地面灯具布置

那么床顶是不是就真的不允许有任何下照灯呢？答案恰恰相反。对于床头的照明，目前业内还有一种更加专业的设计形式，虽然很多酒店管理方，包括室内顾问，在设计的过程中可能都不理解床顶为什么要布置下照灯具，但其实这往往是对灯光设计的一种误解。专业的灯光设计必定是为人服务的，因此无论采取哪一种方式必定要对照明环境全面负责。通过第一种设计方式，即床头顶部不设置下照射灯，的确能够满足卧室的照明需求，但是在细节上却存在一些缺陷。首先整个床面缺少一个重点，灯光的主次关系比较模糊，整个空间也略显暗淡；其次是床头的阅读功能不够完善，如果两个生活习惯不同的人住在一起，作息时间不同，那在准备休息的前一段时间，两侧的灯光必定都是需要单独来控制的。床头壁灯虽然可以设置为单独控制，但是发光的区域太大，光线无法只集中在一侧，因此可以在这些基础上重新优化，采用第二种方式，即床头顶部设置下照射灯。

图 3.224 中，床头直接采用天花射灯的方式来打亮枕头区域，突出整个房间的重点，同时也能调节空间氛围，注意射灯的角度一定要严格控制在 8°～10°，因为此处的射灯还有另外一个功能，就是充当阅读灯。除了房间整体的调光控制系统以外，床头面板"阅读灯"的按键设置为长按可以调节灯具的明暗，这样就完美地解决了灯光主次关系

的缺陷。另外，如果客人不需要这个灯，也可以直接关闭，并不会对环境造成影响。当然如果是床头既有装饰壁灯，又专门配备了小型的床头阅读灯，那么对应的床顶就只需要安装一盏射灯照到床头即可，目的也是为了突出卧室区重点，增强氛围感，但是这个灯不需要再单独调光。

除了床头的主要照明，两边的床头柜照明也不容忽视，用于起夜的夜灯一般可以安装在这里，隐藏的光线既不打扰其他人休息，同时也能确保夜晚的安全。夜灯的设置方式可以采用层板暗藏灯带的形式，在强化照明氛围的同时，灯带也兼具夜灯的功能，并要注意在回路划分的时候就要体现出来。当然，还可以直接选用墙装式侧出光的灯来作为单独的夜灯，需要注意灯具的安装位置及高度，尽量隐藏在床头两边，具体做法及布置如图3.225、图 3.226 所示。

图 3.224

图 3.224　雄安新区木棉花酒店大床房

_190
_191

1 光之器

2 光之所

3 光之实

4 光之思

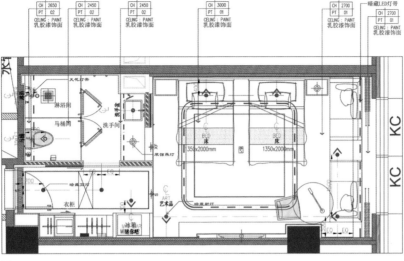

图 3.225

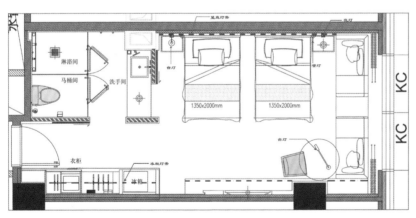

图 3.226

图 3.225　双床房天花灯具布置
图 3.226　双床房地面灯具布置

在以往的设计手法里，我们还能经常看到有的酒店客房会在床底设计一圈灯带，以提升整体的氛围感，但现在的酒店设计里却很少保留这样的做法。专业的照明设计师也不是特别建议这样做，这是为什么呢？其实这样的设计手法做出来的效果是可以的，但是另一方面却也暴露出一个问题：反射在地面上的灯光随时都有可能暴露酒店的卫生状况，一点点灰层或杂物在灯光的照射下

图 3.227

都有可能变得特别明显，这可能会给部分客人带来极不舒适的入住体验，因此这种做法慢慢地被取消了（图 3.227）。

卧室区的照明基本上就是以上这些方式，设计之前要根据空间的特点合理地进行分析，房间其他区域的照明其实是在此基础上进行优化升级，设计重点便是对局部照明的精细化考量。比如前面提到的房间一角的工作照明，光线角度和范围都需要严格控制，选用小角度的射灯照亮工作桌面即可，确保单独开启灯具也不会过分影响其他人休息。房间内的艺术品及装饰层板等也是需要重点照来来突出打亮的（图 3.228）；迷你吧台的灯光应根据吧台的造型来设定，主要是打亮吧台的中心区域（图 3.229）；另外，窗帘盒的照明可以让房间内的灯光层次更加丰富（图 3.230）。

图 3.227　重庆仁安山茶酒店大床房
图 3.228　书桌台照明设计
图 3.229　迷你吧照明设计
图 3.230　顺德保利假日酒店大床房（图片来源：艾罗照明）

_192
_193

1 光之器

2 光之所

3 光之实

4 光之思

图 3.228

图 3.229

图 3.230

客房内衣柜的局部照明主要是依靠层板灯带来实现的。对于开放式的衣柜吊架形式，直接在层板下方嵌入灯带即可（图 3.231）；而对于有拉门的衣柜，除了在内部增加灯带，还需要在拉门处增加一个感应开关，让客人在打开柜门的同时看到柜子内部也是有灯光的（图3.232）。

图 3.231

图 3.232

_194
_195

一

1 光之器

一

2 光之所

一

3 光之实

一

4 光之思

一

（2）控制系统

客房的照明灯具一般都需要接入 RCU 控制系统中，那么客房控制面板的分布位置以及对应键面的文字应该如何设置才能给客人提供更好的入住体验呢？针对大床房，我们可以简要地分析一下。

关于面板的位置，布置的首要原则是方便客人操作，其次是要保持形式及排列的美观性，具体可以参考如下比较常见的做法：首先在玄关处设置一个总的开关面板，帮助客人第一时间找到控制光源的位置；紧邻着玄关的卫生间区域需要单独设置控制卫生间灯光的面板，一般建议设置在卫生间外面，但如果卫生间里面的空间比较大，也可以直接放置到里面来进行控制。接下来是整个房间的灯光控制，结合客人在房间内的动线，要在进入卧室区前的靠墙处设置场景面板和空调面板。为了方便客人在准备休息的时候能够直接控制灯光，还需要在床头两边布置总开关面板，包括窗帘开关、场景面板、阅读灯、夜灯面板及充电插头一体面板等，满足整个房间的控制需求。若设计有阳台，那么应在靠近阳台的位置单独设置一块控制阳台灯具的面板。关于整个房间的灯光控制，首先需要明确的一点是客房的照明也应设置场景模式，可以直接将常规的开关控制模式划分为"欢迎模式""场景 1"和"场景 2"。客人打开房门的第一个模式可设置为欢迎模式，房间内所有的灯具都会开启，呈现出非常明亮的状态（图 3.233）。

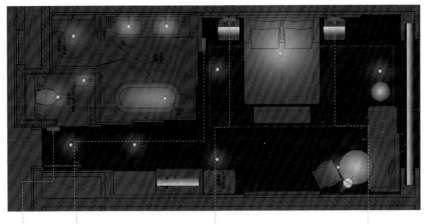

a. 入口面板

b. 卫生间面板

c. 床头面板

d. 床头面板

图 3.233

"场景1"只保留房间内的灯带照明和装饰性照明，为房间提供氛围照明，客人需要休闲放松的时候可选择这种模式；而"场景2"则保留了房间内所有的下照灯具，为房间提供重点照明，适合客人在工作或会客的状态下使用（图3.234、图3.235）。

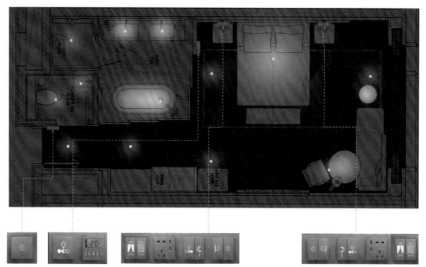

a. 入口面板　b. 卫生间面板　　c. 床头面板　　　　　　　　　　　　　d. 床头面板

图 3.234

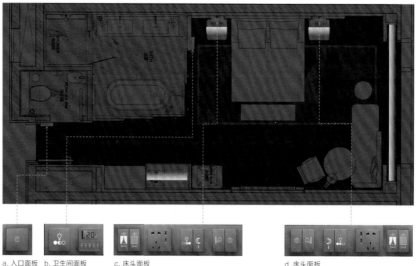

a. 入口面板　b. 卫生间面板　　c. 床头面板　　　　　　　　　　　　　d. 床头面板

图 3.235

_196
_197

1 光之器

2 光之所

3 光之实

4 光之思

卫生间的灯光也分为两个场景，同样以"场景 1"和"场景 2"来命名。这两种场景具有不同的照明功能，一种是只保留卫生间天花灯槽及洗手台盆底部的灯带照明，另一种是保留洗手台盆上方的天花射灯以及浴室的射灯。

而那些追求更高品质的酒店，通常还会将客房的灯光进行升级，做成更加人性化的调光模式，让客人不仅能够轻松掌控房间内

的灯光开关，还能自由调控灯光的明暗。要做成调光模式，那么照明控制就要分为"总开"和"单独"的场景开关面板。和之前"场景 1""场景 2"不同的是，前者只是控制不同回路的灯具开启或关闭，而后者的场景开关则可以用来调节灯光的明暗。场景开关主要设置为"高""中""低"三种照明场景，最终三种场景集合成一个面板来控制，具体的面板形式可以参考图 3.236。

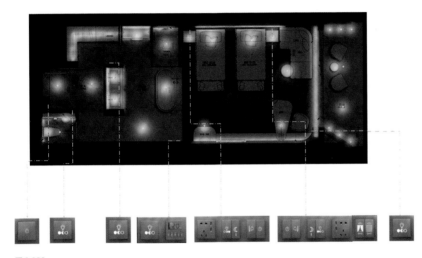

图 3.236

和公共区域的调光系统一样，客房的灯具安装完成后，也需要对三个场景模式的具体明暗程度进行调试，以最终确定每个模式所需呈现的照明氛围（表 3.4）。

图 3.234　大床房灯控面板示意——场景 1
图 3.235　大床房灯控面板示意——场景 2
图 3.236　双床房灯控面板示意

表 3.4　客房灯光控制逻辑

回路编号	区域与灯具	灯具编号	入口 门磁 白天欢迎模式	入口 门磁 夜晚欢迎模式	入口 面板A 开门	入口 面板A 关门	坐便器间 面板B 场景1	场景2	场景3	关闭	衣帽间 面板C 场景1	场景2	场景3	关闭	卫生间 面板 场景1	场景2	场景3	关闭
GS-1	暗藏筒灯	GA1	90	0		X(30 s)												
GS-2	艺术品、桌子射灯 暗藏筒灯	GA2 GA1	90	0		X(30 s)												
GS-3	天花灯带	GL5	50	80		X(30 s)												
GS-4	台灯	TL	40	90		X(30 s)												
GS-5	壁灯	WL	50	90		X(30 s)												
GS-6	夜灯	NL	0	0		X(30 s)												
GS-7	壁灯	WL	50	90		X(30 s)												
GS-8	夜灯	NL	0	0		X(30 s)												
GS-9	床背板灯带 书桌底部灯带	GL2 GL1	40	80		X(30 s)												
GS-10	卫生间天花灯带	GL5	40	80		X(30 s)									90	70	30	X
GS-11	浴缸上方筒灯 洗手盆上方筒灯 化妆室上方射灯	GA3 GA6 GA5	90	0		X(30 s)									90	60	40	X
GS-12	壁灯	WL	50	90		X(30 s)									90	70	30	X
GS-13	洗手盆底部灯带	GL1	40	80		X(30 s)									90	70	30	X
GS-14	镜子面光灯带	GL3	40	80		X(30 s)									90	70	30	X
GS-15	衣柜层板灯带	GL4	0	90		X(30 s)					90	70	30	X				
GS-16	衣帽间筒灯	GA6	90	0		X(30 s)					90	60	40	X				
GS-17	天花灯带	GL5	40	90		X(30 s)	90	70	30	X								
GS-18	艺术品射灯 洗手盆上方筒灯	GA4 GA3	50	0		X(30 s)	90	60	40	X								
GS-19	夜灯	NL	0	0		X(30 s)												
GS-20	埋地灯	GA7	0	90		X(30 s)												

注：
① 表格中数值均代表调光系统中灯具亮度百分比数值（%）；
② X(30 s)：延时 30 s 关闭；
③ √：控制回路；
④ X：灯具或回路停止操作；
⑤ △：可调光回路。

床头																				阳台			
面板 E										面板 F										面板 G			
场景1	场景2	场景3	关闭	左夜灯		壁灯		总开关		总开关		壁灯		右夜灯		关闭	场景3	场景2	场景1	场景1	场景2	场景3	关闭
				开	关	开	关	开	关	开	关	开	关	开	关								
									X	X													
90	60	40	X						X	X						X	40	60	90				
90	70	30	X						X	X						X	30	70	90				
90	70	30	X						X	X						X	30	70	90				
90	70	30	X			√△	X		X	X						X	30	70	90				
0	0	0	X	90	X				X	X						X	0	0	0				
90	70	30	X						X	X		√△	X			X	30	70	90				
0	0	0	X						X	X			90	X	X		0	0	0				
90	70	30	X						X	X						X	30	70	90				
									X	X													
									X	X													
									X	X													
				30	X				X	X			30	X									
									X	X													
									X	X													
									X	X													
									X	X													
				90	X				X	X			90	X									
									X	X										90	60	30	X

1 光之器　2 光之所　3 光之实　4 光之思

3.2.9.2　普通套房

（1）灯光设计

相比标准的大床房和双床房，套房的布局是和"家"更加贴近的房型，面积一般在 $60 \sim 80\ m^2$，拥有独立的卧室区、客厅及休闲区，环境更加舒适、宽敞。一旦空间变大，那房间内的装饰元素也自然跟着变多了，因此套房的灯光设计比标准的房型稍微复杂一些，但主要的设计原则与标准房相一致。由于客房的整体风格是比较统一的，灯光也要与之协调。

图 3.237 和图 3.238 展现的是同一家酒店的两间套房，可以比较直观地看出，这两间套房在空间中的布局是有不同之处的，但是大体上都是和我们平时的家居空间一样，会单独布置装饰吊灯来点缀空间，让空间的氛围更具备亲和力。同样，天花的设计与灯具的布置情况是紧密相关的，根据天花的造型来选择合适的补充照明方式。有灯槽的地方需要增加灯带设计，而平顶的处理则只需要补充暗藏下照灯即可。例如图 3.237 中，天花没有设计灯槽，那么除了吊灯之外，我们就需要在沙发区及四周的过道增加对应的照明。沙发区的照明需要射灯重点照亮，墙面有艺术装饰的地方也是同样的设计原则。需要注意的是整个天花的灯具除了要符合对应的功能之外，整体的分布方式、间隔距离等也要保持均匀、美观。图 3.238 中所呈现的是有预留天花灯槽设计的形式，因此这里的照明直接用天花灯带来补充即可，这样既减少了天花灯具的使用数量，也使得整个空间上看起来更加清爽、简单。部分区域如写字台、洗手盆、迷你吧等处，安装暗藏灯带，重点区域设有装饰性的台灯、壁灯，既满足了功能需求，又营造了舒适的空间氛围，具体布置及做法如图 3.239、图 3.240 所示。

图 3.237

_200
_201

—

1 光之器

—

2 光之所

—

3 光之实

—

4 光之思

—

图 3.238

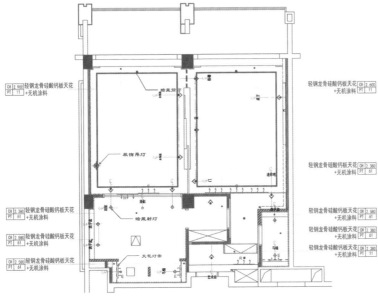

图 3.239

图 3.237　重庆圣荷酒店普通套房 1
图 3.238　普通套房 2
图 3.239　天花灯具布置

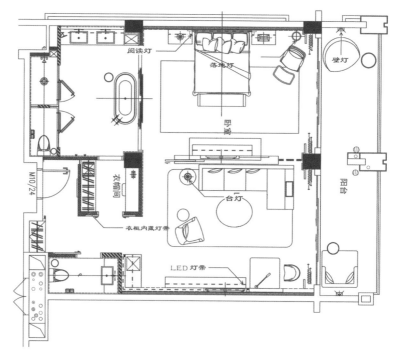

图 3.240

（2）控制系统

因为空间布局不同，相比普通的房型，套房的灯光控制系统面板的分布位置及数量也会有所变化，主要是根据空间的功能和布局来合理分配。

套房具有独立的卧室区、客厅及休闲区，因此需要为这些独立区域单独设置控制面板。

卧室区主要是场景控制，需要在进门处设置一块场景面板，而床头的控制基本与之前的卧室区相同，需要保证两侧均能控制灯光，客厅等休闲区域则与其他的功能面板一起设置。这个空间的场景面板对应的场景是分开的，代表的也是不同的灯具回路，具体做法可参考图 3.241~ 图 3.243。

图3.240　地面灯具布置

_202
_203

—

1 光之器

—

2 光之所

—

3 光之实

—

4 光之思

—

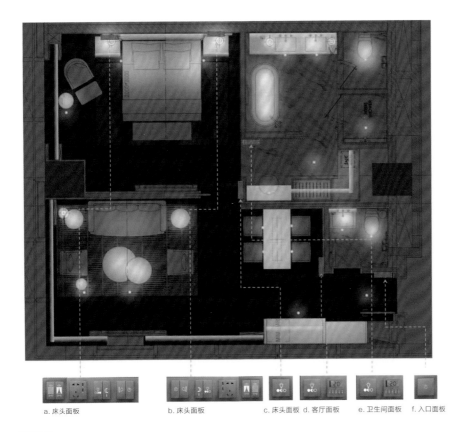

a.床头面板　　　　　　　　　b.床头面板　　　　c.床头面板　d.客厅面板　　　e.卫生间面板　f.入口面板

图3.241

图3.241　套房灯控面板示意——欢迎模式

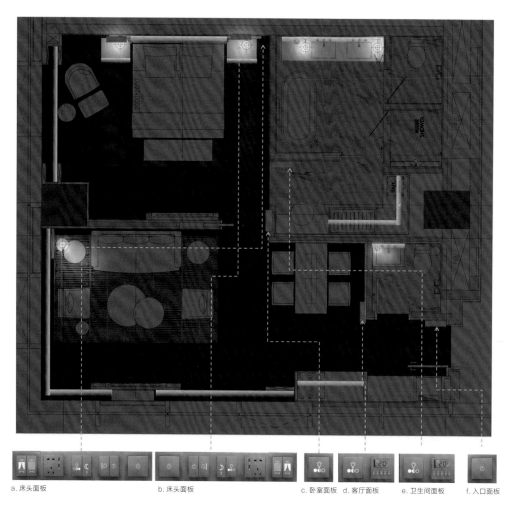

a. 床头面板　　　　　　　　b. 床头面板　　　　　c. 卧室面板　d. 客厅面板　　e. 卫生间面板　　f. 入口面板

图 3.242

图3.242　套房灯控面板示意——场景1

_204
_205

1 光之器

2 光之所

3 光之实

4 光之思

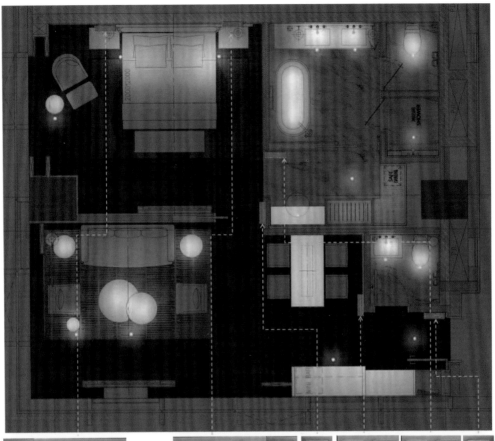

a. 床头面板　　　　　　　　　　　b. 床头面板　　　c. 卧室面板　d. 客厅面板　　e. 卫生间面板　　f. 入口面板

图 3.243

图 3.243　套房灯控面板示意——场景 2

3.2.9.3 总统套房

（1）灯光设计

作为酒店客房中空间最大、价格也最高的房间，总统套房是所有客房中品质最高的代表。一般每个酒店只会配置 1~2 个总统套房，因此也是酒店中最受人瞩目的房型，能够入住于此的人对生活品质的追求也都是极高的，所以无论是在室内装修设计上还是灯光的设计细节上，都需要把品质做到最好（图3.244）。

国内酒店的总统套房一般为五开间的布局。和其他房间不同，除了作为休息的场所，总统套房还承担着接待、会客、餐饮、办公等多项功能。为了更好地体现总统套房的功能，一般总统套房分为卧室、书房、起居室、餐厅、备餐室、厨房、会客厅、主卫生间、客用卫生间等功能空间。由于功能不同，每个空间的灯光设计也相应地有所调整，但总体来说，照明环境从整体到细节都需要营造出浪漫、宁静、和谐的氛围。在设计手法上，总统套房的照明设计与之前各空间的照明设计原则是一致的，卧室区和休闲区的主要照明也可以参考其他房间的设计思路，餐厅的照明主要集中于桌面及餐台。精心设计的台灯、壁灯可打造地面的装饰照明，天花吊灯使空间更具美感，天花暗藏灯带和墙面造型的暗藏灯带打造间接照明，还可以在氛围性照明上深化细节，具体做法如图 3.245、图3.246 所示。

图 3.244

_206
_207

1 光之器

2 光之所

3 光之实

4 光之思

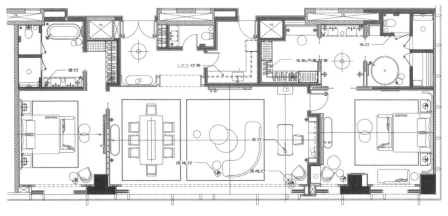

图 3.245

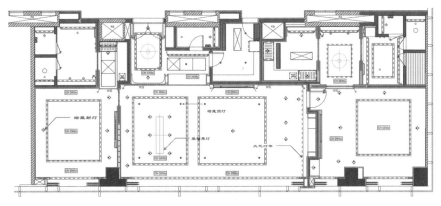

图 3.246

图 3.244　南京丽笙精选酒店总统套房
图 3.245　总统套房地面灯具布置
图 3.246　总统套房天花灯具布置

（2）控制系统

总统套房的照明控制系统应该是客房中最复杂的一类，因为空间面积较大且功能复杂，因此需要兼顾每一个空间的功能需求。根据空间的动线关系，选择合适的位置来安装面板，并分清不同的场景所对应的回路，同样需要区分重点照明和氛围照明，无论灯具布置如何变化，我们只要辨别清楚不同的照明方式即可。

其实高端套房与普通标准房最主要的区别还是体现在照明控制上，调光是客房照明设计的核心。设计师可以使用智能系统来设置每个调光控制回路的亮度值，以形成不同的照明场景。如果标准房要做调光，那么通常包括"欢迎""访客""休闲""阅读""睡眠"等场景模式，以满足大多数人的生活需求。而总统套房由于布局及功能不同，灯光场景也随之变化，大致可分为"迎宾""办公""用餐""休息""会客"等场景模式，同时可以将照明、电视、窗帘、音乐等一系列智能设备集中在一起进行控制。只要一打开门，门磁开关就会自动点亮玄关的天花筒灯。插入房卡后，原先预设的程序将默认开启房间的"欢迎"模式，窗帘将自动关闭，电视机也被自动激活播放出舒缓的音乐。客人一进门就可以欣赏音乐、享受属于自己的私人空间了，完全不需要任何多余的操作（图3.247~图3.249）。

图 3.247　总统套房灯控面板示意——欢迎模式

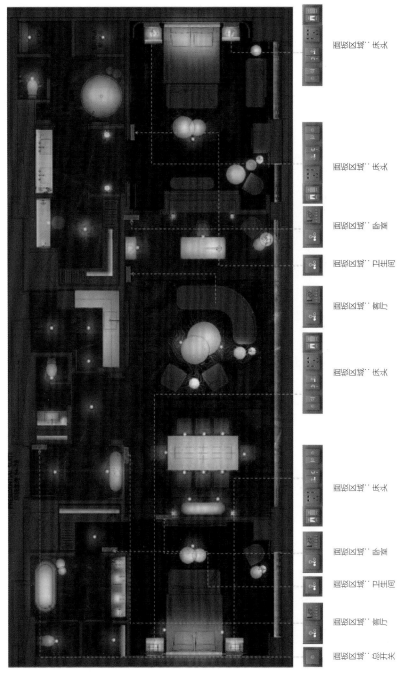

面板区域：床头

面板区域：床头

面板区域：卧室

面板区域：卫生间

面板区域：客厅

面板区域：床头

面板区域：床头

面板区域：卧室

面板区域：卫生间

面板区域：客厅

面板区域：总开关

图 3.247

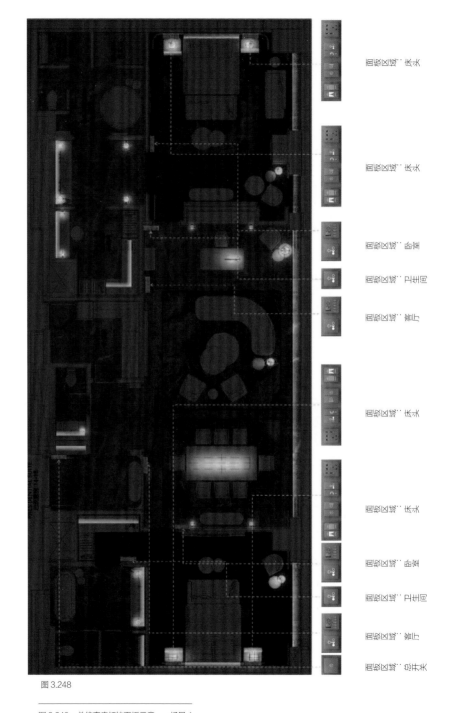

图 3.248

图 3.248 总统套房灯控面板示意——场景 1

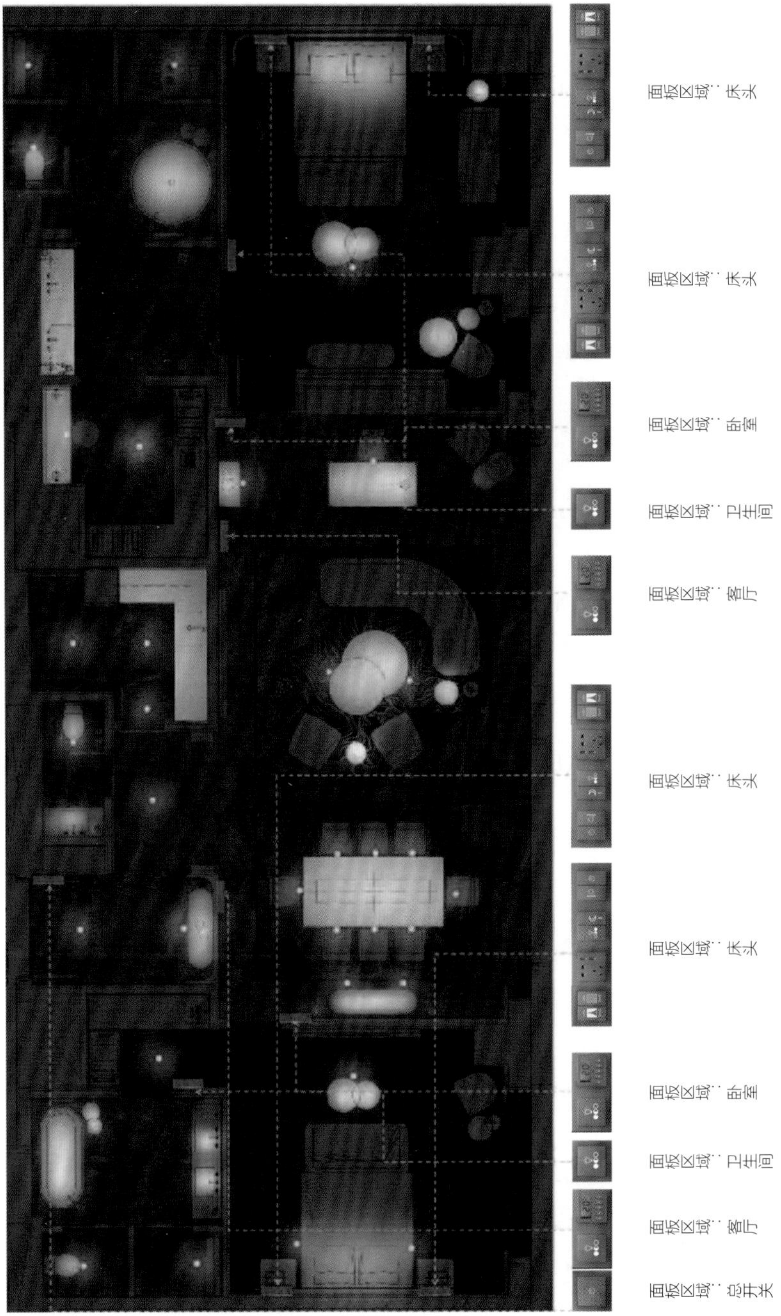

图 3.249

面板区域：床头

面板区域：床头

面板区域：卧室

面板区域：卫生间

面板区域：客厅

面板区域：床头

面板区域：床头

面板区域：卧室

面板区域：卫生间

面板区域：客厅

面板区域：总开关

图 3.249　总统套房灯控面板示意——场景 2

1　光之器

2　光之所

3　光之实

4　光之思

3.2.9.4 客房卫生间

在我们的日常生活中，卫生间可能是最不起眼的，也是最容易被忽略的空间，但是其在酒店客房中的作用却不容小觑，尤其对于标准房，因为房间面积较小，还要单独分隔出一个卫生间，如果布置得不得当，那么整个空间就会给人带来更加局促的心理感受。住在这样的空间里就很难有美好的入住体验了。和卧室区的灯光一样，卫生间的灯光也是要有品质的，从而让客人感受到这里是用心设计过的，而不是随便装一盏吸顶灯就草草了事。无论哪一种房型，卫生间的灯光布置原理大体相同，具体的效果如图 3.250 所示，设计重点是一些局部的细节照明，比如盥洗区，主要是台盆的照明，除了天花可能有的漫反射，台盆中心还需要一盏小角度（20°左右）射灯来单独照亮台盆。因为卫生间比较潮湿，产生的雾气比较多，所以需要选择防护等级在 IP44 以上的灯具，才能保证灯具长期的正常使用。另外，客人洗漱时是需要面光照明的，除了为化妆单独准备的化妆镜之外，还可以在镜子的两侧安装暗藏灯带为镜面提供照明。

图 3.250

图 3.250　南京丽笙精选酒店盥洗区

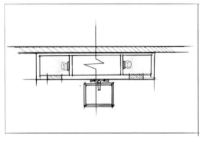

图 3.251

此外，根据卫生间的整体照明环境，考虑是否需要增加镜面底部或者台盆底部的照明，确保空间的灯光不会显得过于单调（图3.251、图3.252）。

卫生间坐便器区的灯光与洗手池区大致相同，天花凹槽通过天花漫反射微微洗亮墙面，坐便器背后的艺术画用一盏24°左右的射灯打亮，灯光刚好照到画面1/3的位置，这样其余的光就可以同时落在坐便器处，兼具辅助阅读灯的功能（图3.253、图3.254）。

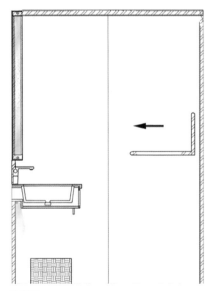

图 3.252

图 3.253

图 3.251　镜面暗藏灯带节点
图 3.252　洗手台灯带节点
图 3.253　坐便器区灯光实景 1

图 3.254

3.2.9.5　客房走道及电梯厅

客房走道及电梯厅是位于客房层房间以外的公共区域，此处灯光设计主要的功能是为整个客房层提供指示照明。

走道的整体灯光亮度不需要过于抢眼，只要具备安全性及引导性就足够了。因为走道的灯光基本是 24 小时开启的，布置过多的灯具不仅会造成能源浪费，还会让客人视觉疲劳，所以除了要满足基本的照度要求，还应考虑照明产品的节能和控制的灵活性。

每个酒店因为建筑结构的不同，客房走道的造型也有所区别，针对不同的布局形式，照明方式可以采取以下三种。

◎第一种：基础照明
◎第二种：重点照明
◎第三种：装饰照明

图 3.254　坐便器区灯光实景 2

（1）基础照明

嵌入式射灯——采用嵌入式可调照射角度射灯，让整个天花看起来简洁、干净，且减少眩光对人眼的刺激（图3.255）。在选择此处的灯具时，除了关注射灯的光束角之外，还应与重点照明采用相同外观和尺寸的灯具。

线性灯带——采用暗藏灯带，以见光不见灯的方式为走廊提供基础照度，营造清爽、舒适的光环境（图3.256）。

图 3.255

图 3.256

图3.255　海南陵水希尔顿逸林酒店客房走道
图3.256　杭州新天地丽笙酒店客房电梯厅

（2）重点照明

嵌入式射灯——采用嵌入式可调照射角度射灯，通过明暗相间的重点照明，拉伸空间长度，重点为客房入口、门牌号或走廊艺术品提供所需的照明（图3.257）。应注意客房入口处的灯具照射高度，避免客人打开房门的瞬间产生直接眩光（图3.258）。

图 3.257

图 3.258

图 3.257　泉州希尔顿酒店客房走道灯光
图 3.258　客房门头重点照明

_216
_217

一

1 光之器

一

2 光之所

一

3 光之实

一

4 光之思

一

（3）装饰照明

壁灯既可以起到装饰的作用，烘托气氛，同时也可以作为基础照明（图3.259、图3.260）。

图 3.259

图 3.260

图 3.259　雄安新区木棉花酒店公共走道 1
图 3.260　公共走道 2

电梯厅是进入客房层的第一个空间，不需要布置过多的光源。通常正对端景装饰或是房号指示牌，可采用嵌入式可调射灯，强化端景氛围，同时也为房号标识提供指示照明。另外，如果需要进一步强化指示作用，还可在电梯门套上设置下照灯来打亮电梯入口，起到烘托整体氛围的作用（图3.261、图3.262）。

图 3.261

图 3.261　泉州希尔顿酒店电梯厅
图 3.262　神木金苑酒店电梯厅

4  光之思

作为一名从业多年的灯光设计师，每每在做项目的时候也激发起
一些思考：除了熟练运用光之外，光还会给我们带来什么？

艺术包含了各种艺术作品。只有成为人们的审美对象时，艺术作品才真实地存在着。接受美学是从接受者的立场来具体探讨作品被接受的各种条件、机缘和心理，实际上是将审美心理学与艺术社会学融合在一起。从整体上来看，从古到今，可以说并没有纯粹的艺术作品。艺术总是与一定的时代功用、功利紧密地纠缠在一起，总是与各种物质的、精神的需求以及内容相关联。即便是所谓的纯供观赏的艺术品（"有意味的形式"）也只是在原有的实用功能逐渐消退以后的存留。而光与艺术，则是一种虚实结合的存在，是光借助于外界与空间碰撞出来的火花。

意大利艺术家法布里奇奥说：光，其实是一种能创造形式的能量，它无形，却能创造有形。假如把彩色的玻璃镶嵌在窗户上，当窗外的光直射到室内，那么照进来的将是彩色的光。堪称欧洲人智慧结晶的彩色玻璃天窗，就是通过阳光的照射演绎出色彩的"梦幻剧场"。那里有奏响的管风琴，还有摇曳的烛光，是光与声的共同演绎（图4.1、图4.2）。

从这里我们看到的是自然光与色彩艺术之间的融合，如果将这种艺术形式运用到灯光设计中又会如何？其实，这种将人造灯光与彩色玻璃相结合的形式很早之前就已经在国外运用了。从艺术的形式来看，我们更愿意将之称为"玻璃光绘"。

设计师以玻璃为笔，灯光为墨，让平凡无奇的单色光线呈现出多变而璀璨的色彩。聚光灯投射出的光线，经过附有金属涂层特制玻璃的折射、反射，如彩虹般绚烂，极富视觉冲击力，而随着观看角度的变化，光影也随之变化，仿若彩色的光影在疯狂起舞（图4.3）。

图4.1 彩色玻璃艺术效果1
图4.2 彩色玻璃艺术效果2
图4.3 彩色玻璃折射的光

图 4.1

图 4.2

图 4.3

在做酒店空间设计之余我也和一些朋友做了一些光与艺术的项目：

4.1.1　公共艺术

公共艺术的要素（图4.4）：

（1）

「公共遗产」

（3）

「社群结构」

（2）

「在地性」

（4）

「人文与精神
的可持续发展」

图4.4

图4.4　公共艺术要素

_224
_225

1 光之器

2 光之所

3 光之实

4 光之思

（1）公共遗产

自 20 世纪 70 年代以来，公共艺术进入多元化的发展阶段，随着人们对材料、技术的不断尝试和创新，"工业遗址"公共艺术也应运而生。冷冻厂项目成功地将冷冻厂附近的地域特征和文化内涵完美地融入作品当中。同时，重庆的工业遗址众多，盲目地拆除重建会造成更大的资源浪费，不如在保留大部分工业留存物的基础之上，赋予工业废弃地以新的功能和意义，使之得以被激活，并作为一种提供独特审美的场所和工业历史的物证。

（2）在地性

艺术的"在地性"一直是公共艺术中的焦点问题。在地性观念旨在强调艺术与场所之间既改变又适应的辩证关系。20 世纪 60 年代末以来，伴随着大地艺术、行为艺术、观念艺术与装置艺术的兴起，艺术在地性与观看者的现场体验成为公共艺术创造首要考虑的因素。在地性不仅强调艺术品与艺术创作、展示、传播与接受的场所之间要建立一种血脉相连的物质实践关系，而且要求观看者亲临现场，参与到艺术品的创作中来。

（3）社群结构

艺术与生活是紧密相连的，当代国外公共艺术的著名案例，都从侧面证明了公共艺术可以尖锐、深刻、独特而全面地介入社群生活。同时，公共艺术介入社群生活还有多种可能性。艺术家群体可以作为一种"中介机构"开展街头艺术活动，这也正体现了公共艺术介入社群结构，负起社会责任和社会学内涵挖掘工作的任务。

（4）人文与精神的可持续性发展

公共艺术属于城市，城市又是公共艺术的载体。它代表了艺术与城市、艺术与生活、艺术与大众的一种新的融合和取向。文化与城市是息息相关的，是城市文化最直观、最显现的载体。它可以连接城市的历史和未来，增加城市的记忆，讲述城市的故事，满足城市人群的行为需求，创造新的城市文化传统。公共艺术家们是生活的参与者和创造者，应该具有强烈的公共意识和人文情怀，同时还应具备把握城市历史、文化根脉的人文精神，这种精神的获得需要艺术家、公众和全社会的共同支持。

4.1.2　作品展示（以黄桷坪冷冻厂为例，参与创作者：曾令香、侯林楠、余显开）

4.1.2.1　乌托邦：激活的工业心脏

黄桷坪冷冻厂最初是宰牛场，也曾是榨菜厂，后于 1983 年建成冷冻厂，是当时重庆最大的冻鱼库（图 4.5、图 4.6）。工厂效益好，机房三班倒，库房两班倒，上班时间较长。附近老职工回忆说，进冷库要穿棉衣、棉裤、棉鞋，库里温度在零下十七八摄氏度。后来由于周围交通、商业趋势的变化等原因，客户减少，大量库房迁移到城郊，工厂关闭。

图 4.5

通过艺术与科技、声光电与工业旧机器场景的巧妙结合，设计者们塑造了一个可呼吸的、有生命的、沉浸式的、乌托邦式的工业文化体验现场，并开放性地融入了观众的在场参与，以一种象征性和波普式的方式，呈现出关于历史的记忆，同时表达了对我国工业转型以及现代性问题的思考。

图 4.6

图 4.5　冷冻厂内部结构
图 4.6　冷冻厂旧貌

_226
_227

一 光之器

二 光之所

三 光之实

四 光之思

4.1.2.2　可持续的温暖：交换时光

改造全过程的内容如图 4.7 所示：

序曲"火红年代" —— 遥想激情燃烧的工业时光记忆

中篇"复活时空" —— 仿生鲜活的工业文明形态

高潮"激越对话" —— 重现多元的工业生态内涵

尾声"诗意畅想" —— 重构诗意的未来工业情状，畅想人机互动的绿色未来

图 4.7

图 4.7　交换时光的内容

（1）序曲"火红年代"

以废弃的冷冻厂为设计对象，以时间轴的演变为发展方向，通过灯光改造，赋予其新的生命力。开篇是红色灯光附在冰冷的金属管道上，像血液一般涌动着，红色渲染着整个空间，激情燃烧的工业时光就此展开（图4.8）。

图4.8

图4.8 冷冻厂灯光场景1

_228
_229

1　光之器

2　光之所

3　光之实

4　光之思

（2）中篇"复活时空"

一束束灯光在黑夜的迷雾中朦胧地呈现出工厂的局部，鲜活的工业文明形态复活了，一段段生动的记忆呈现在我们眼前（图4.9）。

图4.9

图4.9　冷冻厂灯光场景2

（3）高潮"激越对话"

设计师借用蓝色的光来畅想未来，为新时代增加色彩，重新展现多元的工业生态内涵（图4.10）。

图 4.10

_230
_231

一

1 光之器

一

2 光之所

一

3 光之实

一

4 光之思

一

（4）尾声"诗意畅想"

五彩斑斓的灯光赋予冷冻厂鲜活的生命力，让人畅想着未来的无限可能（图4.11~图4.13）。

图4.11

图 4.12

图 4.12　冷冻厂霓虹灯光

_232
_233

1 光之器

2 光之所

3 光之实

4 光之思

图 4.13

图 4.13　灯光艺术装置——缠绕的藤椅

4.1.2.3 切身的人文：重写符号

从人文与精神可持续发展的角度，去介入因中西部快速城市化转型而错位的公共遗产、社群结构等新的问题交织而成的转型现场，是公共艺术在当下中国的命题和责任。因而，冷冻厂工业遗址所持续进行的公共艺术实践是温暖而真诚的，也是有意义的探索。

4.1.2.4 在地性对话：艺术介入空间

除了光的艺术性是需要不断被探索、开发的之外，怎样将艺术融入空间也是我在每次设计的时候经常思考的一个问题。目前国内照明设计行业存在的最大问题就是由于灯光设计行业发展较迟，灯光往往是很容易被误解的一个领域，很多非专业人士对照明设计的理解依然停留在只要保持空间足够明亮就可以，而对灯光设计所能营造出来的美感体会甚少。

关于酒店的灯光艺术，主要体现在建筑空间设计中。我们由外至内来看，在酒店的建筑泛光照明中，灯光所创造的艺术感是最具代表性的，因为灯光可以勾勒建筑结构的轮廓，传达出建筑的美感。酒店外立面的泛光照明是很有必要的，它能够让人在夜晚第一眼注意到酒店的位置，同时也突出了建筑的特色。如图4.14所示的酒店建筑，整个外立面是一个圆弧形的格栅幕墙造型，设计师利用洗墙灯由下至上来洗亮每层的格栅，与地面的绿竹景观照明相得益彰。在灯光的作用下，建筑与周边环境的特点都得到了充分的展现。

图 4.14

图 4.14　三亚艾迪逊酒店室外效果（图片来源：艾罗照明）

_234
_235

—

1 光之器

—

2 光之所

—

3 光之实

—

4 光之思

—

进入内部大厅，灯光设计的重点同样是突出建筑的结构，利用埋地上照灯来洗亮两侧木格栅装饰墙面，天花上仅安装了少量的灯具，再配合中间的景观照明，整个空间的艺术氛围一下就被渲染出来了（图4.15）。

好的建筑空间设计，都十分注重与当地文化的融合，这样做也是在增加品牌的亲和度（即便如麦当劳这样的国际餐饮连锁品牌，也会尝试在文化景区融入地域特征）。而对于地域文化的发掘，照明设计师们并非闭门造车，因为在现实中有许多的视觉资源可以加以参考，如传统工艺美术、当代艺术作品、城市区域内的视觉符号等。

光与影的组合更是光与艺术的完美结合，"光与影的变幻组合使人迷醉，如同白天、夜晚也应该有明暗的节奏和细节的刻画。"这也是我一直秉持的设计格言。灯光设计是光与影的变奏曲，光和影影影不离，有光就有影，有影必有光，好的灯光设计是光与影的完美结合。酒店照明设计中应注意光影关系，必须分析每个空间，甚至是每个细节的区域，哪些地方可以用直接的光影，哪些地方可以用间接的光影，还有哪些地方只有影而不需要光，哪些地方只能有光而不能有任何影区出现……这些都是值得我们在设计中去探究的。

图 4.15

图 4.15　三亚艾迪逊酒店入口区（图片来源：艾罗照明）

在室内，我们为艺术装饰品设计了重点照明，重点照明与被照物之间形成的光影，丰富了空间的层次感和艺术感（图4.16）。

线性照明在增强空间艺术感方面也起着重要作用。近年来，随着LED光源的引入，线性照明已用于更多样化的场景，并且已经从照明光源发展成为完全独立的照明灯具。线性照明的特点在于它可以应用到不同的照明方式中，有效地为橱窗、层板架、展陈空间和狭窄空间提供理想的照明解决方案。并且随着OLED的引入，柔性灯带也增加了照明设计的无限可能。它们可以作为独立的设计样式存在，适用于不同的安装方法。建筑师和照明设计师可以自由搭配配置和设置参数，或者选择线性和圆形、明装和嵌入式等安装方式。间接照明与空间氛围连接得更为紧密，它也可以用来平衡空间的鲜明线条和彰显整体的质感（图4.17）。

而在室外，景观建筑照明设计也不容忽视。照明设计的过程就像是光与影的协奏曲，利用灯光来创造奇妙的影子，这将比平常有趣得多。对于大多数度假酒店来说，园林景观的灯光不会特别亮，而应保持一些神秘感，只需要在树上隐藏一两盏投光灯，树木枝叶的美丽影子就会投射到地面上，随风舞动，这就是自然与灯光的巧妙结合（图4.18）。

图 4.16

图 4.17

图 4.18

图 4.19

如果艺术照明是生命，那么绿色照明就是维持这宝贵生命的血液，灯光同样也在影响生态环境的平衡。

20世纪30年代，距离爱迪生发明电灯还不到60年的时间，天文学家就提出了"光污染"的概念。他们指出，所谓光污染就是"城市室外照明使天空发亮，造成对天文观测的负面影响"。随着时间的推移，光污染已不仅仅是天文爱好者的灾难，还直接对整个生态环境造成了严重破坏。

我们常常能看到一些亮化工程的灯光做得非常的"亮眼"，成为一个个好似卖灯的场所。为了打造人工白昼，高高悬挂的灯具被密密麻麻地布置在四周，繁华都市里的广告灯牌、探照灯、夜景照明等设施，在夜幕降临后发出夺目的强光，照亮着黑夜，使得夜晚像白天一样明亮（图4.19）。

城市的繁华度越高，夜晚就越亮。"不夜城"破坏了昼夜模式，改变了自然环境的微妙平衡，这不仅隐去了满天繁星，还增加了能源消耗，破坏了生态安全。

对人类而言，人工白昼不仅损害视力，还会干扰大脑中枢神经，使身体功能的昼夜规律变得紊乱，扰乱机体"生物钟"，影响体内的生物和化学系统，减少松果体褪黑激素分泌，损害生理功能，降低免疫力。研究表明，低色温的光会促使中枢神经系统活动降低，因此低色温的照明可以有效地用于卧室或其他此类环境，这些环境可以促进人体生理活动的降低，有益睡眠。

此外，人工白昼干扰了动物生殖周期和候鸟迁徙活动，给鸟类、昆虫和海洋生物等多个物种的正常繁衍带来了严重威胁，光污染对生态的影响问题亟待解决。

图 4.19　夜景照明

_240
_241

一　光之器

二　光之所

三　光之实

四　光之思

为了减少全球能源浪费以及光污染，绿色照明成了主要的解决方案，这也是中国建筑行业一直以来坚持鼓励、推动的政策。绿色照明并不意味着要减少使用灯具的数量，而是要合理地布置灯具以及选择合适的灯具，这也是为什么照明设计越来越重要的原因。在酒店的室内照明设计中，我们可以集合自然资源来创造更多的绿色照明，例如通过自然光与人工照明相结合的方式设计出日光照明（图 4.20）。

酒店的公共区域照明还可以分时段控制来节约能源，一般分为早、中、晚三个模式，尤其是在进入夜晚之后，随着入夜的时间越来越长，酒店的客流量也渐渐减少，那么场景亮度就可以相应降低。进入午夜以后，公共区域只需要保留一些必备的照明即可，因此利用控制系统来合理地分配灯光是节约能源以及控制酒店运营成本的最佳方式。

对于酒店室外的景观照明，应该充分尊重及保护自然，用尽量少的灯具来实现景观照明，即在保障园林景观安全性的同时，也能为室外增加一些惬意自然的情调。因此关于园林的灯光，我们不能一味地追求亮化效果，一些建筑的泛光照明也一样，都应该在满足人类自身的需求之余，还能更多地兼顾我们赖以生存的自然生态环境，人与自然的和谐相处，也体现在这些方面。我国现在出现了很多度假型酒店，大都隐藏在山林之中，坐拥开阔的自然风貌。对于这些酒店而言，人造灯光与自然之间的联系显得更加重要，如图 4.21 中的天然温泉泡池，并不需要在里面增加灯光，将水池打得很亮，而应直接在泡池旁边隐藏一两盏小功率的投光灯，这样既保护了客人的隐私，也不会破坏自然的美感。

总之，照明设计是实施绿色照明的关键，而总体布局正是由设计决定。由于照明设计与电气设计紧密相关，设计要求将比以往更加严格，绿色照明不仅是社会发展的要求，也是每位照明设计师的必修内容。

图 4.20

图 4.21

图 4.20　西塘良壤酒店公共区域
　　　　（图片来源：艾罗照明）
图 4.21　温州半月山温泉度假酒店
　　　　温泉泡池

灯光存在的意义是见证了照明科技发展的历程。地球有黑夜，而人类想要留住光就只能靠自己创造，这也是人造灯光迅速发展的根源所在，而照明科技发展的核心便是光源和与之匹配的控制系统。

光源是将能量转换为光的设备。20世纪，电子技术迅速发展，并且在光源和电气装置的制造方面也开辟了一条新的道路。在过去的20年中，我国加快了追赶世界潮流的步伐，越来越多的高频放电灯、直流荧光灯、高频感应灯、微波灯和其他使用寿命更长、显色性更好、光效更强的光源被开发出来，LED也取得了突破性的发展。这引起了照明领域的巨大变化，并对绿色照明的实施产生了重大影响。

LED比其他光源具备更多能适应社会发展的优点，例如：光通量维持时间长（将近100 000 h）、显色性好（R_a为85~95）、无频闪、响应时间短（纳秒级）、抗震性强、耐用性好及使用安全等。同时，红光和黄光LED的亮度也得到了提高，尤其是伴随着氮化镓等第三代半导体材料制造技术的突破，人们开发出了蓝光和绿光LED，从而彻底解决了LED单一白光的问题。由于其丰富多样的光色及颜色选择方便和变色的优势，LED源尤其适用于酒店的宴会厅、特色酒吧、园林景观或建筑立面的照明设计中，以及其他需要灯光变色的地方。

考虑到节能环保，酒店的大部分区域都会优先使用LED光源，仅有部分装饰灯具还保持着白炽灯泡的形式。不过，也并非所有的LED产品都能适用。对于高档酒店而言，LED灯具还应满足一些基本的技术要求：通常酒店照明的色温是偏低的，一般用到的色温大部分都在2700~3000 K之间，更有一些高端的酒店色温局部会用到2200~2400 K，这也是为了让顾客能在酒店公共空间里更加放松，在感受酒店空间的美感之余，更放松地享受酒店的服务。在酒店房间内，低色温的灯光能让顾客更好地休息。当然一些特殊场所除外，比如酒店宴会厅可设计成4000 K冷白色温或RGB（W）模式，这在酒店内的特色酒吧和室外照明设计中也比较常见。除了光源的色温之外，室内客用区域的灯具光源显色指数不应小于90，并且某些灯具装置要求配备防眩光罩或截光角不小于30°。另外，灯具的防护等级还应根据使用的环境条件进行合理配置，例如水下灯具需要满足IP68，卫生间内灯具需要满足IP44等（图4.22）。

_242
_243

1 光之器

2 光之所

3 光之实

4 光之思

蜂窝灯罩

安装了细密蜂窝灯罩的直射光源，人能感受到眩光被减弱了。

发散透镜

这种透镜把光发散成矩形，它可以根据需求垂直或水平安装。

漫反射透镜

这种透镜轻柔地扩展光线，将亮面的反射光转变成自然轮廓。

光斑灯罩（仅限窄角）

这种灯罩不受反光罩影响，通过阻止光线扩散到不想要的地方。

无蜂窝灯罩

无发散透镜

无漫发散透镜

无光斑灯罩

有蜂窝灯罩

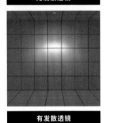

有发散透镜

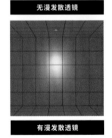

有漫发散透镜

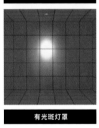

有光斑灯罩

图 4.22

图 4.22 灯具构件（图片来源：ENDO）

此外，R_a值的水平对在现代建筑场所中建立良好的照明环境同样具有重要意义。不仅对识别物体的颜色，还对视觉效果和舒适性有很大的影响。光源的显色指数越高，则所观看的对象和人物图像越显得真实和生动；反之，它将会变得难看，并失去其原有的奢华感和光泽。

R_a值的关键在于能否突出物体本身的颜色，因此酒店照明设计会因为区域不同而要求不同的R_a值。在普通的空间，R_a值可以稍微偏低一些，保持在80~85之间即能满足空间的基本要求。但是在色彩比较丰富的空间里，对光源显色指数要求会更高，一般要求达到90以上。餐饮空间是对光源显色指数要求最高的空间，为了能让顾客更好地体验酒店的食物，照明应让菜品的颜色更加逼真、更加光鲜。因此，在高端酒店的餐饮空间中，光源显色指数一般都达到95以上。随着LED技术逐渐成熟，对LED光谱中的R_a值也会要求越来越高。

自20世纪至今，随着世界酒店行业的蓬勃发展和竞争的日趋激烈，人们不再满足于普通的功能需求，而是渴望追求更高的生活质量，传统的酒店照明服务模式已渐渐无法体现高端酒店的优势。当挑战与机遇并存时，照明标准化将成为当前的主流，从而创建了一种新的服务模式，即智慧照明控制系统。实际上，智慧照明因其可以建立人性化、宜居的照明环境已成为全球趋势。近年来，这种技术已广泛应用于酒店照明设计中。

一般来说，智慧照明系统有助于均匀分布酒店的灯光和颜色，给客人留下良好的印象，并提升酒店的形象。此外，它还可以根据酒店的运营时间自动管理照明场景，无须人工干预，这有助于延长灯具的寿命并节约能源。我们还可以结合本地智能面板和平板电脑进行控制，该系统可以通过各种场景模式来提高酒店管理效率。酒店大堂可以使用各种可调光光源，通过智能调光来维持柔和、优雅的照明环境。照明场景可以根据一天中的不同时间和不同目的来进行设置。使用时，只需要调用预设的最佳照明场景即可，客人可以在这个空间体验到不同的视觉感受。酒店管理人员可以通过现场的智能面板或大厅的智能设备触摸屏对其进行控制，屏幕上会显示出当前的照明状态。

主动管理模式适用于控制大堂的照明。当客流量较大时，将大堂的所有灯具都打开，以方便客人进出；当客流量较少时，只保留部分照明即可，也可以同样预设不同的场景模式，如营业模式、白天模式、夜间模式、安全模式或清洁模式等。餐厅和酒吧也是酒店中出入率很高的公共场所，因此晚上也需要灵活地预设不同的场景来创造不同的空间环境，并为客人提供不同的用餐体验。对于大型会议室而言，必须为客户提供各种功能选项。借助智能照明控制系统，只需点一下控制面板即可实现定制的照明场景和场景控制，大大简化了会议室设备控制的流程，并满足客人对室内照明环境的需求。走廊和电梯厅是最容易被忽视的公共区域，如果能适

_244
_245
—

1 光之器

—

2 光之所

—

3 光之实

—

4 光之思

—

当地规划照明控制系统，则可以节省不少能源，并为整个建筑增光添彩。这里的控制方式主要为微波检测器和手动控制，并且具备延迟关闭的功能。

同时，酒店的泛光照明和景观照明也可以通过照度传感器和定时器来进行自动控制。当传感器收集的自然光变暗时，大部分的室外照明将自动打开，而当自然光变亮时，室外照明将自动关闭，并可以通过经纬度和日历实现对日出、日落时间的监控和管理。

空间的场景设定是酒店照明中非常重要的一部分，照明设计师需要充分和建筑师、室内设计师、艺术品专家等相关设计方进行沟通。通过照明突出空间的艺术氛围也是酒店照明设计师需要重点考量的因素。

在本书的末尾，我们还是回归到光与社会的话题。归根结底，灯光造福了人类社会，这种生活中看得见却摸不着的物质，我们是否有静下心来好好审视它的价值？

光与社会的关系，从大的方面来讲，光为社会创造了价值，虽然本书重点讲的是酒店的灯光，但其实光对整个社会的发展都起到了至关重要的作用，包括商业、贸易、交通、经济、旅游等方方面面。灯光赋予了城市新的面貌，我们在对比一个城市的繁华程度的时候，除了比较 GDP 的数据之外，大众往往更加关注这个城市的夜景风光如何，再雄伟的高楼大厦，林立在黑夜中也需要灯光的作用才能让大众看到它们的魅力（图4.23）。城市夜景也为城市的旅游经济做出了巨大贡献，上海的外滩广场、广州的"小蛮腰"、西安的"不夜城"、南昌的滕王阁、重庆的洪崖洞，这些我们所熟知的建筑夜景成了城市的典型地标，也是我们现在常说的"网红打卡地"，因其独特的夜景及建筑形式而深受游客的追捧。光虽无形，但它所创造的价值却是无价的。

从小的方面来讲，光进入了我们的生活，温暖着我们整个社会群体：当你独自行走于夜幕中时，路边的灯杆洒落下的点点光辉给予你安全感，让你不再惧怕黑暗；当你忙碌了一天回到家中时，房间里的灯光给予你温暖，渐渐消除你一天的疲倦；当你半夜感觉到饥饿时，街道夜市的灯光给予你满足感，让你不会因为饥饿而辗转难眠。光之烟火，大概也就是在深夜嘈杂的大排档，在清晨雾气朦胧的早点摊，在人潮拥挤的地铁站，光都一直陪伴着我们。

随着社会的不断进步与发展，人工照明与现代文化、艺术的结合已经形成了一种独一无二的光文化。光不再仅仅作为一种能源物质供人类使用，而是已经深入人类精神文明的领域，在为人类提供生活服务与文化艺术享受的同时，还在不断促进人类社会更深层次的发展，光与社会相辅相成，密不可分。

而未来，光会如何发展，人类社会又将变成什么模样，我们都将拭目以待。当然，这必定离不开照明行业中的每一位先锋为光文化与社会事业的建设保驾护航，光可期，社会可期，未来可期！

图 4.23　淄博喜来登酒店外景

图 4.23

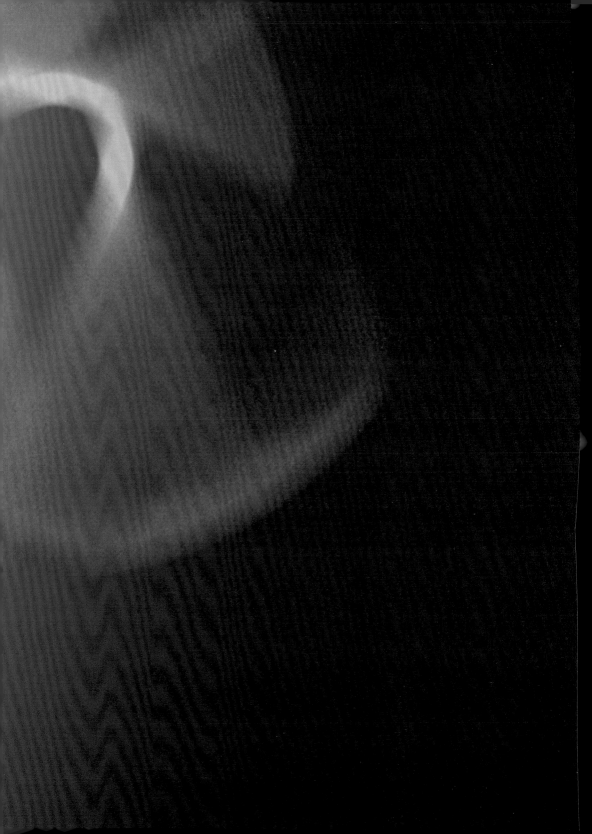